教育部高等学校材料类专业教学指导委员会规划教材

U0276133

X射线衍射理论与实践（Ⅱ）

黄继武　李周　等编著

THEORY AND PRACTICE OF X-RAY DIFFRACTION（Ⅱ）

化学工业出版社
·北京·

内 容 简 介

《X射线衍射理论与实践》（Ⅱ）包括X射线衍射分析的3个专题应用和Rietveld全谱拟合精修方法。

专题应用包括：宏观内应力的测量（第1章）、织构的测定与分析（第2章）和非晶态物质的X射线衍射分析（第6章）。每个专题应用都包括4个环节：从基础理论开始，导出实验原理和实验方法，最后结合科研需要，通过应用实例讲解，进行操作技能培训，并且通过课堂讨论问题、思考计算和实践操练对相关专题进行总结、归纳和技能提升。

针对Rietveld全谱拟合精修方法，第3章详细阐述了Rietveld方法的基本原理和数学基础；第4章和第5章以Jade和Maud两种智能化精修软件为工具，提出了Rietveld方法在多晶材料中的各种具体应用方法。本书中重点内容和案例配有讲解视频，可扫码观看。本书同时配课件，教师可申请下载作为参考。

《X射线衍射理论与实践》（Ⅱ）中的内容和应用实例涵盖金属材料、无机非金属材料、高分子材料、化学、化工、物理、地质、矿冶工程等学科领域，可作为这些专业本科生、研究生的教学用书，对从事X射线衍射工作的技术人员和科研工作者也是很好的参考工具书。

图书在版编目（CIP）数据

X射线衍射理论与实践.Ⅱ/黄继武等编著.—北京：化学工业出版社，2021.1（2024.7重印）

教育部高等学校材料类专业教学指导委员会规划教材

ISBN 978-7-122-38012-8

Ⅰ.①X…　Ⅱ.①黄…　Ⅲ.①X射线衍射-高等学校-教材
Ⅳ.①O434.1

中国版本图书馆CIP数据核字（2020）第231334号

责任编辑：陶艳玲　　　　　　　　　　　　　装帧设计：史利平
责任校对：张雨彤

出版发行：化学工业出版社（北京市东城区青年湖南街13号　邮政编码100011）
印　　装：北京天宇星印刷厂
787mm×1092mm　1/16　印张12　字数293千字　2024年7月北京第1版第3次印刷

购书咨询：010-64518888　　　　　　　　　　售后服务：010-64518899
网　　址：http://www.cip.com.cn
凡购买本书，如有缺损质量问题，本社销售中心负责调换。

定　　价：46.00元

材料是国民经济、社会进步和国家安全的物质基础和先导，现代产业链的构建和运行离不开材料的支撑，现代新技术的发展与材料科学与技术的进步密切相关。材料科学的研究范畴主要包含以下四个方面及其相互关系：材料的组成(成分)、制备、组织结构与性能，其中材料组织结构与性能的关系是材料科学的核心，而组织结构又直接决定着性能，材料的组成(成分)设计和制备方法的目的则是为了获得材料特定的组织结构，因此材料组织结构的研究是材料科学研究的核心之一。

研究材料组织结构的方法很多，如金相分析、扫描电镜分析、透射电镜分析、X射线衍射分析、各种光谱(红外光谱、紫外光谱、拉曼光谱，穆斯堡尔谱、核磁与顺磁共振谱、正电子湮灭谱等)分析，其中X射线衍射技术是研究材料组织结构最重要、最精确和最常用的方法之一。

X射线是1895年德国物理学家伦琴在研究阴极射线时发现的，并很快在医学上得到了应用。1912年德国物理学家劳厄研究了X射线与物质作用的衍射效应，得出劳厄方程。同年英国物理学家布拉格父子导出了著名的X射线在晶体上发生衍射的布拉格方程 $2d\sin\theta = n\lambda$，它根据X射线衍射峰位定出晶体结构。J. J. Thomson则研究出X射线衍射强度公式，由它则可定出晶胞中的原子种类和位置。这些著名的研究均使他们获得了诺贝尔奖，也正是这些研究推开了研究材料结构的大门，使X射线衍射发展成了一种分析现代材料组织结构的有力技术，我国研究人工合成胰岛素的结构也是用X射线衍射技术来分析的。

近年来，X射线衍射理论与技术及其应用发展非常迅速，大功率、高清晰X射线源和高分辨X射线衍射仪的出现，平行光源、同步辐射光源和中子衍射的大众化应用，现代计算技术的进步和衍射峰形分析理论的发展和日臻完善，非晶衍射理论、材料织构分析理论、应力X射线测试方法、Rietveld全谱拟合精修方法在X射线衍射数据处理中的广泛应用等，这些进步都使X射线衍射技术的应用范围越来越广，研究越来越深入。

另一方面，随着分析过程的复杂化，X射线衍射数据分析软件如雨后春笋般涌现并不断更新换代，这些软件应用的实验原理和数学基础各有差异，使用者往往发现很难在有限的时间内理解和掌握要点，特别是很难快速地从X射线衍射数据中估计出有用的结构信息。如何快速地掌握基础理论，并能快速、正确地利用这些软件工具获得真实、有用的实验结果，编写一本既能详细阐述X射线衍射晶体学基础理论，又能反映X射线衍射实验技术进步、仪器技术最新发展、分析方法改进与革新的教材就非常重要。本书正是基于这一背景编写的。

本书在阐述X射线衍射技术基本原理的基础上，着重撰写了最新技术的应用、相关软件工具的有效使用和应用领域的最新发展。书中基本概念阐述清楚，实验方法介绍具体详细，引用文献充分，强调典型案例的剖析，叙述深入浅出，理论联系实际。

　　编写人员长期从事材料结构表征课程的教学，倾注了大量的精力，积累了大量的教学案例、教学视频、教学课件和多年教学经验，将这些充分地溶入了本书内容，并改变教学方式和教学方法，将课后讨论与实践搬入教学课堂。

　　相信本书的出版，将能促进材料类专业"新工科"课程建设，也期望围绕"新工科"课程体系建设的其他高水平教材陆续出现，更期待新一代材料学子在"新工科"教育体系下茁壮成长，脱颖而出。

中国工程院院士　黄伯云

中国科学技术协会原副主席

中国材料研究学会原理事长

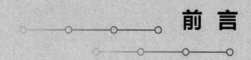

前　言

　　X 射线衍射技术是研究物质晶体结构及其变化规律的主要手段，是材料结构表征技术的重要组成部分，是材料科学工作者必须掌握的基本知识与科研工具。

　　本书内容和应用实例涵盖金属材料、无机非金属材料、高分子材料、化学、化工、物理、地质、矿冶工程等学科领域。 全书可作为各专业本科生、研究生的教学用书，在教学过程中除基础理论部分外可选择学习与专业相关的内容和实例操作。 本书对于从事 X 射线衍射工作的技术人员和科研工作者来说也是很好的参考工具书。

　　《X 射线衍射理论与实践》全书分Ⅰ、Ⅱ两个分册。 两册书的内容包括：X 射线衍射学的基础理论和粉末 X 射线衍射的原理、仪器、测试技术和数据处理方法。 在基础理论部分，系统阐述了 X 射线的产生和性质、晶体学基础、X 射线衍射几何与衍射强度理论，介绍了各种 X 射线衍射实验方法及数据处理方法。 在应用实践方面，介绍了 X 射线物相定性分析、物相定量分析、结晶度计算方法、指标化与晶胞参数精修、微结构分析、宏观内应力测量、织构的测定与分析以及非晶态物质结构的 X 射线衍射分析。 针对每种应用都阐述了实验原理、实验方法和操作应用与实践。 书中还详细阐述了 Rietveld 全谱拟合精修原理、数学基础和精修方法，并通过实例操作全面阐述了精修方法在材料研究中的应用。

　　本书由中南大学材料科学与工程学院黄继武、李周、黄田田编写，全书内容由黄田田老师进行了校核。

　　中南大学材料科学与工程学院"材料结构分析"国家级精品课程教学团队一直致力于提高材料结构分析课程的教学水平。 本书在编写过程中得到团队成员和学校、学院领导的鼓励和指导，在此表示衷心感谢！ 全书由在材料结构表征领域卓有成就的湖南大学材料科学与工程学院周灵平教授审阅，在此对其在百忙中抽出宝贵的时间对全书的审阅表达由衷的感谢！ 在本书编写过程中得到了化学工业出版社和中南大学的支持，在此一并感谢！

　　由于编者学术水平和认知视野的限制，书中难免存在某些不妥之处，请阅读者提出宝贵的修改建议，以便在再版时修正。

　　书中的一些具体实验方法引用于一些已经发表的专著和文献，列于书后，但可能存在不详之处，在此对原作者表示感谢！

　　书中的分析案例配有文件，请扫描以下二维码下载。 重点内容的详细视频讲解，可在相应处扫描二维码观看。

黄继武　李周

2020 年 4 月

目 录

第1章

宏观内应力的测量

　　宏观内应力是指当产生应力的因素去除后，在物质内部相当大的范围内均匀分布的残余内应力。它对机械构件的疲劳强度、抗应力腐蚀、尺寸稳定性和使用寿命都有直接的影响。其中有些应力是有利的，例如，表面淬火处理、喷丸处理、渗碳、渗氮等表面强化处理后，在构件的表面产生的宏观压应力可起到强化作用。而在加工、淬火过程中产生的拉应力则会使部件开裂、性能不稳定、尺寸改变等。通过宏观内应力的测定，可以寻求部件处理的最佳工艺条件，检查强化效果和分析失效原因。

　　在这一章中，将学习 X 射线衍射测量残余应力的方法及其在工程实践中的应用。应当掌握 X 射线衍射法测量残余应力的原理、实验方法和数据处理方法，以期在科研实践中正确地利用这种方法来确定构件的处理工艺或者制定应力改性的方法。

　　宏观内应力普遍存在于各种小螺丝、锯齿等零件中，更存在于大型输油管道焊接处、大型桥梁连接位置或飞机机翼等大型构件中。随着国家重点装备制造、重大工程建设的发展，宏观内应力的测量及其控制和改性方法越来越受到科研工作者和工程技术人员的重视。

1.1　内应力

　　通常把没有外力或外力矩作用而在物体内部依然存在并自身保持平衡的应力叫做内应力。根据内应力的作用范围，一般分为三类。一个多晶材料或一个构件在微观上是由很多晶粒组成的。如图 1-1 解释了这 3 种应力之间的关系。

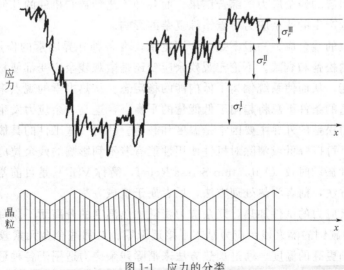

图 1-1　应力的分类

第Ⅰ类应力记为 σ_r^{I}，是指宏观尺寸范围内平衡的应力。它是存在于各个晶粒中的数值不等的内应力在很多晶粒范围内的平均值，是较大体积宏观变形不协调的结果。可以看作是与外载应力等效的应力。这类应力消失后会使构件尺寸发生改变，会使 X 射线衍射谱线位移。

第Ⅱ类应力记为 σ_r^{II}，它是平衡于晶粒尺寸范围内的应力，相当于各个晶粒尺度范围（或各晶粒区域）的内应力的平均值，可归结为各个晶粒或晶粒区域之间的变形不协调性。这类应力通常使 X 射线衍射谱线展宽，也可能使衍射谱线位移。

第Ⅲ类应力记为 σ_r^{III}，它是平衡于单位晶粒内的应力，是局部存在的内应力围绕着各个晶粒的第Ⅱ类应力值的波动。对晶体材料而言，它与晶格畸变和位错组态相联系。这类应力使 X 射线衍射强度下降。

在一般文献中把第Ⅰ类应力称为"宏观应力"（Macrostress），而对第Ⅱ类和第Ⅲ类内应力采用"微观应力"（Microstress）的概念。在我国科技文献中，习惯于把第Ⅰ类应力称为"残余应力"，把第Ⅱ类应力称为"微观应力"，而第Ⅲ类应力的名称尚未统一，有的称为"晶格畸变应力"，有的称为"超微观应力"。而在工程上习惯于以产生残余应力的工艺过程来命名和归类：如铸造应力、焊接应力、热处理残余应力、磨削残余应力、喷丸残余应力等，都是指第Ⅰ类残余应力。

残余应力是材料中发生了不均匀的弹性变形或不均匀的弹塑性变形的结果，或者说是材料的弹性各向异性和塑性各向异性的反映。单晶体材料是一个各向异性体，多晶体材料虽然在宏观上表现出"伪各向同性"，但在微区，由于晶界的存在和晶粒的不同取向，弹塑性变形总是不均匀的。更不用说由于流线、脱碳及截面变化等造成的材料局部区域宏观变形特性的改变了。热影响造成材料不均匀变形的原因主要有：①冷热变形时沿截面弹塑性变形不均匀；②工件加热及冷却时其内部温度分布不均匀，从而导致热胀冷缩不均匀；③热处理时不均匀的温度分布引起相变过程的不同时性。

上述三种因素的影响在材料加工和处理过程中都是难以避免的，因而在机件中存在残余应力也是必然的。通常钢材热处理时形成的残余应力是冷却过程中的热应力和相变应力共同作用的结果，并且两者之间有一定的交互作用。各种工艺过程产生的残余应力往往是变形、温度变化和相变引起的残余应力的综合结果，而各种工艺参数和机件的几何形状、尺寸大小等对每种工艺过程产生的残余应力有着错综复杂的影响。

机件中各部位的残余应力一般不是一个固定值，在各种外界因素的作用下将发生变化，这就是残余应力的松弛和衰减。不论宏观残余应变还是微观残余应变都使材料内部储备了一定量的弹性应变能，从而使系统偏离了低内能的稳定态。从热力学的观点来说，处于高能量的组织状态在合适的条件下总将趋向于低能量的平衡态，这是残余应力发生松弛的内在驱动力。促使残余应力松弛的外界主要因素是温度和载荷。针对一些工件的具体服役条件，采取一定的工艺措施，可以降低或消除对机件使用性能有着不利影响的残余拉应力。回火（包括稳定化处理等）和振动时效（Vibration Stress Relief，简称 VSR）是目前常用且比较有效的消除残余应力的方法，前者为热处理方法，后者属于机械方法。

若对存在残余应力的试件加热，残余应力将随加热温度的升高而不断降低。当回火温度超过 500℃，各种碳钢的淬火残余应力基本上接近于零。对那些合金元素较多、回火稳定性好的钢则须加热到更高的温度。通过加热方法来消除残余应力适用于各种形状的工件，但对大型工件则受加热炉炉膛尺寸的限制，可以采用机械加工的方法如喷砂、喷丸处理，使工件表层由拉应力改变为压应力, 提高工件抗应力腐蚀性能。

X 射线应力测定的基本原理由俄国学者 AKCEOИOB 于 1929 年提出, 它的基本思路是: 一定应力状态引起材料的晶格应变和宏观应变是一致的。晶格应变可以通过 X 射线衍射技术测出; 宏观应变可根据弹性力学求得, 因此从测得的晶格应变可推知宏观应力。后来日本成功设计出的 X 射线应力测定仪, 对于残余应力测试技术的发展作出了巨大贡献。1961 年德国的 E. Mchearauch 提出了 X 射线应力测定的 $\sin^2 \psi$ 法, 使应力测定的实际应用向前推进了一大步。X 射线衍射法是一种无损性的测试方法, 因此, 对于测试脆性和不透明材料的残余应力是最常用的方法。

1.2　基本原理

图 1-2 是一个多晶体试样的示意图, 一个多晶试样由许多晶粒组成。图中描述了样品中某一衍射面 {hkl} 在不同晶粒内部的取向。当试样受到水平方向的拉应力时, 不同取向的晶粒的某个 {hkl} 晶面有的被拉伸, 而有的被压缩。设图中所示的晶面为某 {hkl} 晶面, 当该晶面处于水平排列时, 由于与受力方向垂直, 晶面被压缩, 其面间距减小; 相反, 垂直排列时面间距被拉伸, 其面间距增大; 而其他取向的晶面间距的大小处于两个极限之间并随取向不同而作相应的变化。

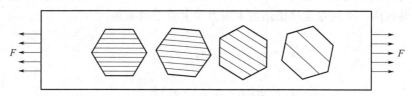

图 1-2　受力状态与 (hkl) 晶面面间距变化的关系

最简单的受力状态是单轴拉伸。假如, 有一根横截面积为 A 的试棒, 在轴向 Z 施加力 F, 它的长度将由受力前的 L_0 变为拉伸后的 L_f, 所产生的应变 ε_z 为:

$$\varepsilon_z = \frac{L_f - L_0}{L_0} \tag{1-1}$$

根据虎克定律, 其弹性应力 σ_z 为:

$$\sigma_z = E\varepsilon_z \tag{1-2}$$

式中, E 为弹性模量。在拉伸过程中, 试样的直径将由拉伸前的 D_0 变为拉伸后的 D_f, 径向应变 ε_x、ε_y 为:

$$\varepsilon_x = \varepsilon_y = \frac{D_f - D_0}{D_0} \tag{1-3}$$

与此同时, 试样各晶粒中与轴向平行晶面的面间距 d 也会相应地变小, 如图 1-2 所示。因此, 可用晶面间距的相对变化来表达径向应变:

$$\varepsilon_x = \varepsilon_y = \frac{d_f - d_0}{d_0} = \frac{\Delta d}{d} \tag{1-4}$$

如果试样是各向同性的, 则 ε_x、ε_y 和 ε_z 的关系为:

$$-\varepsilon_x = -\varepsilon_y = \upsilon \varepsilon_z \tag{1-5}$$

式中, υ 为泊松比, 负号表示收缩。于是有:

$$\sigma_z = -\frac{E}{\upsilon} \times \frac{\Delta d}{d} \tag{1-6}$$

由布拉格方程微分得：$\frac{\Delta d}{d} = -\cot\theta \cdot \Delta\theta$，所以：

$$\sigma_z = \frac{E}{\upsilon}\cot\theta \cdot \Delta\theta \tag{1-7}$$

式(1-7) 是测定单轴应力的基本公式。该式还表明，当试样中存在宏观内应力时，会使衍射线产生位移。这就提供了用 X 射线衍射方法测定宏观内应力的实验依据，即可以通过测量衍射线位移作为原始数据来测定宏观内应力。这里还应注意到，X 射线衍射方法测定的实际上是残余应变［式(1-4)］。而宏观内应力是通过弹性模量由残余应变计算出来的［式(1-6)］。

根据实际应用的需要，X 射线衍射法的目的是测定沿试样表面某一方向上的宏观内应力。为此，要利用弹性力学理论求出的表达式，并将其与晶面间距或衍射角的相对变化联系起来，得到测定宏观内应力的基本公式。

由弹性力学原理得知，一个受应力作用的物体内，不论其应力系统如何变化，在变形区内某一点或取一无限小的单元六面体，总可以找到一个单元六面体各面上切应力 τ 为 0 的正交坐标系。在这种情况下，沿 x、y、z 轴向的正应力 σ_x、σ_y、σ_z 分别用 σ_1、σ_2、σ_3 表示，称为主应力。与其相对应的 ε_x、ε_y、ε_z 称为主应变。利用"力的独立作用原理"（叠加原理）可以得到用广义虎克定律描述的主应力和主应变的关系：

$$\begin{cases} \varepsilon_1 = \dfrac{1}{E}[\sigma_1 - \upsilon(\sigma_2 + \sigma_3)] \\[2mm] \varepsilon_2 = \dfrac{1}{E}[\sigma_2 - \upsilon(\sigma_1 + \sigma_3)] \\[2mm] \varepsilon_3 = \dfrac{1}{E}[\sigma_3 - \upsilon(\sigma_1 + \sigma_2)] \end{cases} \tag{1-8}$$

根据弹性力学原理可以导出，在主应力（或主应变）坐标系中，任一方向上正应力（或正应变）与主应力（或主应变）之间的关系为：

$$\begin{cases} \sigma_\psi = \alpha_1^2\sigma_1 + \alpha_2^2\sigma_2 + \alpha_3^2\sigma_3 \\[2mm] \varepsilon_\psi = \alpha_1^2\varepsilon_1 + \alpha_2^2\varepsilon_2 + \alpha_3^2\varepsilon_3 \end{cases} \tag{1-9}$$

式中，α_1、α_2、α_3 分别为 σ_ψ 与主应力（或主应变）的方向余弦；ψ 为 σ_ψ 与试样表面（xy 面）法向的夹角，如图 1-3 所示。

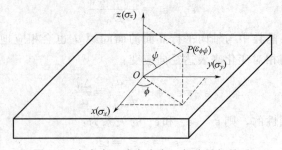

图 1-3　主应力（或主应变）与分量的关系

$$\begin{cases} \alpha_1 = \sin\psi\cos\phi \\ \alpha_2 = \sin\psi\sin\phi \\ \alpha_3 = \cos\psi \end{cases} \tag{1-10}$$

由图 1-3 可以看出，$\sigma(\psi)$ 在 xy 平面（试样表面）上的投影即为 σ_ϕ。当 $\psi = 90°$ 时，由式(1-9) 和式(1-10) 可得：

$$\sigma_\phi = \cos^2\phi \cdot \sigma_1 + \sin^2\phi \cdot \sigma_2 \tag{1-11}$$

由于 X 射线对试样的穿入能力有限，所以只能测量试样的表层应力。在这种情况下，可近似地把试样表层的应力分布看成为二维应力状态，即 $\sigma_3 = 0$(注意 $\varepsilon_3 \neq 0$)。因此，式(1-8) 可简化为：

$$\begin{cases} \varepsilon_1 = \dfrac{1}{E}(\sigma_1 - \upsilon\sigma_2) \\[2mm] \varepsilon_2 = \dfrac{1}{E}(\sigma_2 - \upsilon\sigma_1) \\[2mm] \varepsilon_3 = -\dfrac{\upsilon}{E}(\sigma_1 + \sigma_2) \end{cases} \tag{1-12}$$

将式(1-10)～式(1-12) 代入式(1-9)，可得：

$$\varepsilon_\psi = \frac{1+\upsilon}{E}\sigma_\phi\sin^2\psi - \frac{\upsilon}{E}(\sigma_1 + \sigma_2) \tag{1-13}$$

将式(1-13) 对 $\sin^2\psi$ 求导，可得：

$$\sigma_\phi = \frac{E}{1+\upsilon} \times \frac{\partial\varepsilon_\psi}{\partial\sin^2\psi} \tag{1-14}$$

用晶面间距的相对变化（$\Delta d/d$），或 $2\theta_\psi$ 的角位移 $\Delta 2\theta_\psi$ 表达应变 ε_ψ 于是有：

$$\varepsilon_\psi = \left(\frac{\Delta d}{d}\right)_\psi = -\cot\theta_0 \cdot \Delta\theta_\psi = -\cot\theta_0 \cdot (\theta_\psi - \theta_0) \tag{1-15}$$

式中，θ_0 为 $\psi = 0$ 时的布拉格角；θ_ψ 为各个 ψ 角时的布拉格角。

将式(1-15) 代入式(1-14) 得：

$$\sigma_\phi = -\frac{E}{2(1+\upsilon)}\cot\theta_0 \cdot \frac{\partial(2\theta)_\psi}{\partial\sin^2\psi} \tag{1-16}$$

在实际应用计算时，要将式(1-16) 中的 θ_ψ 由弧度换算成角度，因此，要乘上因数 $(\pi/180)$，于是将式(1-16) 写成：

$$\sigma_\phi = -\frac{E}{2(1+\upsilon)}\cot\theta_0 \ \frac{\pi}{180} \times \frac{\partial(2\theta)_\psi}{\partial\sin^2\psi} \tag{1-17}$$

令

$$K = -\frac{E}{2(1+\upsilon)}\cot\theta_0 \ \frac{\pi}{180}, M = \frac{\partial(2\theta)_\psi}{\partial\sin^2\psi}$$

则

$$\sigma_\phi = KM \tag{1-18}$$

式中，K 称为应力常数，对于某一部件，当选定了 HKL 反射面和波长时，K 为常数，单位为 Pa，常用 MPa 作为单位。

式(1-18) 表明，$2\theta_\psi$ 与 $\sin^2\psi$ 呈线性关系，其斜率为 $M = \dfrac{\sigma_\phi}{K}$。如果在不同的 ψ 角下测

量 $2\theta_\psi$，然后将 $2\theta_\psi$ 对 $\sin^2\psi$ 作图，称为 $2\theta_\psi - \sin^2\psi$ 关系图。从直线斜率 M 中，便可求得 σ_ϕ。当 $M > 0$ 时，为拉应力；当 $M < 0$ 时，为压应力；$M = 0$ 时，无应力存在。

实际应用中，通常采用 $\sin^2\psi$ 法和 $0° \sim 45°$ 法。

① $\sin^2\psi$ 法：取 $\psi = 0°$、$15°$、$30°$ 和 $45°$，测量各 ψ 角所对应的 $2\theta_\psi$ 角，绘制 $2\theta_\psi - \sin^2\psi$ 关系图。然后，运用最小二乘法原理，将各数据点回归成直线方程，并计算关系直线的斜率 M，再由 $\sigma_\phi = KM$ 求得 σ_ϕ。

$$M = \frac{\sum 2\theta_\psi \sum \sin^2\psi - n \sum 2\theta_\psi \sin^2\psi}{(\sum \sin^2\psi)^2 - n \sum \sin^4\psi} \tag{1-19}$$

为求出式中的斜率 M，通常使用四点法，即取 $\psi = 0°$、$15°$、$30°$、$45°$（图1-4）。或者采用六点法，即 $\psi = 0°$、$10°$、$15°$、$30°$、$45°$、$45°$。这是因为两头的两点很重要，而重复测量一次。也有人认为用等间距 $\sin^2\psi$ 测量更加科学，即 $\psi = 0°$、$24°$、$32°$、$45°$。这时，虽然 ψ 的取值是不等间距的，但 $\sin^2\psi$ 是等间距的。当衍射强度不强，峰形漫散，或者样品本身的原因导致测量误差较大时，可以增加测量的数据点数。例如在 $0° \sim 45°$ 范围内按 $5°$ 等间距取值，或者每个点重复测量一次。

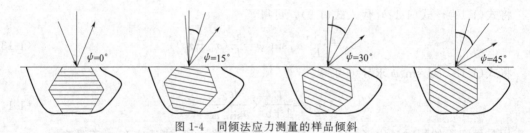

图1-4　同倾法应力测量的样品倾斜

② $0° \sim 45°$ 法：如果 $2\theta_\psi$ 与 $\sin^2\psi$ 的线性关系较好，可以只取 $2\theta_\psi - \sin^2\psi$ 关系直线的首尾两点，即 $\psi = 0°$ 和 $45°$。这时式（1-17）可简化为：

$$\sigma_\phi = \frac{E}{2(1+\upsilon)} \cot\theta_0 \frac{\pi}{180} \times \frac{2\theta_0 - 2\theta_{45}}{\sin^2 45°} \tag{1-20}$$

可见，$0° \sim 45°$ 法是 $\sin^2\psi$ 法的简化方法。但一定要注意，在使用 $0° \sim 45°$ 法时如果 $2\theta_\psi$ 与 $\sin^2\psi$ 偏离线性关系时，会产生很大的误差，不能使用这种方法。

$0° \sim 45°$ 法的测试过程请扫描二维码 P6。测试数据保存在 "stress：0-45" 文件夹中。

1.3　测试技术

宏观内应力的测定可以用 X 射线衍射仪和应力测定仪。

（1）常规衍射仪法

应力测量装置的光路有同倾法和侧倾法两种。同倾法的光路是 ψ 角的设定面与计数管的扫描面（2θ 扫描）位于同一平面（图1-5）。在常规衍射仪上测定宏观应力时，测角仪上的光管和探测器要能单独驱动。先使试样转到所需要的 ψ_0 位置，以便测量各 ψ 角下的 $2\theta_\psi$ 值。

图1-5绘出的是 X 射线应力测定仪的衍射几何示意图。ψ_0 为入射线与试样表面法线的

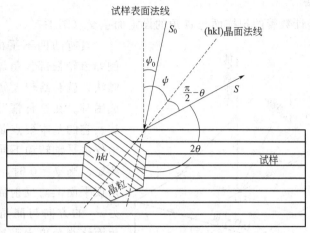

图 1-5　残余应力仪的衍射几何

夹角，ψ 为 ε_ψ 与试样表面法线的夹角。测角台可以使入射线在 $\psi_0 = 0° \sim 45°$ 范围内投射。探测器的扫描范围一般为 $145° \sim 165°$ 之间。ψ 和 ψ_0 的关系为：

$$\psi = \psi_0 + \left(\frac{\pi}{2} - \theta_\psi\right) \tag{1-21}$$

如图 1-6(a) 所示，当 $\psi = 0$ 时，反射面法线与试样表面法线重合，衍射几何和常规衍射仪相同。当 $\psi \neq 0$ 时，由于试样表面始终保持与聚焦圆相切，因此，入射线与衍射线不再以试样表面法线对称分布，衍射线的聚焦点 F 也离开计数器接收狭缝一段距离 D[图 1-6(b)]。

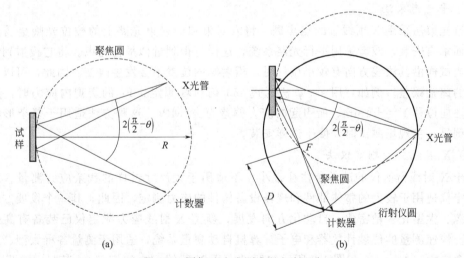

图 1-6　同倾法应力测定的衍射几何

可以证明 D 等于：

$$D = R \left\{ 1 - \frac{\cos[\psi + (90° - \theta)]}{\cos[\psi - (90° - \theta)]} \right\} \tag{1-22}$$

式中，R 为测角仪半径。

常规衍射仪测定宏观内应力时，试样要绕测角仪轴转动，因此不适合大尺寸样品的测量。

（2）试样侧倾法

侧倾法的光路是计数管的扫描面与 ψ 角的设定面正交（图 1-7）。

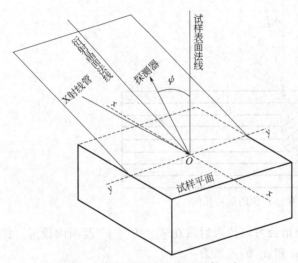

具有凸凹不平的复杂形状的试样，例如齿轮根部、角焊缝等，如果采用同倾法，就会给较大 ψ 角衍射线的测量造成困难。在这种情况下，可以利用侧倾法。它的基本要点是，使试样表面绕测角仪水平轴转动不同的 ψ 角来实现应力测定。当 $\psi=0$ 时，试样表面法线在测角仪平面上与反射面法线重合，被测应力 σ_ϕ 的方向与测角仪轴平行。当试样表面绕测角仪水平轴转动时，试样表面离开测角仪轴（或试样表面法线离开测角仪平面），ψ 角的转动平面与测角仪面垂直，按要求到达各 ψ 角位置。为了减小试样的离轴误差，采用水平狭缝，衍

图 1-7　侧倾法应力测定的衍射几何

射测量仍然按着 $\theta:\theta=1:1$ 角速度匹配的常规扫描方式进行。

利用侧倾法，由于扫描平面不在 ψ 角的转动平面上，基本上不受吸收的影响。各 ψ 角下所测得的衍射峰强度比较接近，因此可提高测量精度。但这种方法要求有一个绕测角仪水平轴转动的特制样品台。

（3）平行光束法

平行光束法采用 X 射线管的点焦斑。将入射束和衍射束光路上的梭拉光阑金属片与测角仪平面垂直安装，或者采用平行光路系统，这样可得到近似平行光束。将它投射到试样表面时，当试样沿其法线方向有较小位移时，衍射峰的位置不会发生改变。因此，可以消除试样表面的离轴误差。例如，用 $\sin^2\psi$ 法通过 211 衍射峰测定 α-Fe 的宏观内应力时，试样表面沿其法向位移 $Y=\pm 4\text{mm}$，所引起的应力偏差为 $\pm 2\text{MPa}$。这种方法适用于复杂形状试样的应力测量，在现场测试时，便于试样安装。

（4）X 射线应力测定仪法

由于 X 射线衍射仪的试样台往往很小，不适用于大尺寸试样的残余应力测量。X 射线应力测定仪适用于较大的整体部件和现场设备构件的应力测定，因此，其一个发展方向是朝着强光源、大型化、精密化、自动化方向发展，新型 X 射线应力测定仪已装备有高强度 X 射线源，快速测量的位敏计数器和电子计算机自动测量系统，适用于测量各种大型、复杂工件的残余应力（如图 1-8 和图 1-9 所示的两种常用 X 射线应力测定仪）；其另一个发展方向是朝着轻便紧凑、快速、高精度和自动化方向发展，整台设备重量只有几十公斤甚至几公斤，便于大尺寸样品测量和野外现场测量，例如，对于大型桥梁、输油管道焊缝残余应力测量等。

我国丹东浩元仪器有限公司最新研制生产的 DST-17 型 X 射线应力测定仪具有同倾法和侧倾法两种测量模式。采用 5 维转动样品台：α 角（侧倾法测量时 ψ 角）转动范围 $0°\sim 70°$，ϕ 角范围 $0°\sim 360°$，x、y 轴移动范围 $\pm 100\text{mm}$，z 轴升降范围 $0\sim 100\text{mm}$。X 射线发射器管电压 $10\sim 60\text{kV}$，管电流 $5\sim 50\text{mA}$，稳定度小于 0.005%。可选用金属陶瓷 X 射线管 Cu、

图 1-8　DST-17 型 X 射线应力测定仪及其测角仪设计

Cr、Fe、Ti、V、Co、Mn 等各种靶材，入射线圆形光斑可选：0.2mm、0.5mm、1mm、2mm、3mm、4mm、6mm；矩形光斑：0.5mm×3mm、0.5mm×5mm、1mm×3mm、1mm×5mm、2mm×3mm、2mm×5mm 等。仪器测量结果准确度小于±5MPa。同时可以测量钢铁中的残余奥氏体，也可以测量极图（图 1-8）。

　　图 1-9 中的 AutoMATE Ⅱ 型 X 射线微区应力测定仪是一种可以测量微区应力的应力测量仪。可以测量重达 30kg 的样品，采用 x、y、z 轴可自由移动样品，X 射线源和探测器臂安装在一个高度精确的两轴测角仪上，该测角仪可以将 X 射线源和探测器臂相对于测量位置进行定位，并在使用自动 x、y、z 轴时以最小 0.1μm 的步长进行扫描。由于采用理学强光源和一维阵列探测器，因此能快速、精确、自动地完成平面内的应力分布测量。

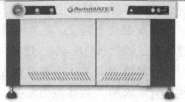

图 1-9　AutoMATE Ⅱ 型 X 射线微区应力测定仪

1.4　实验方法

（1）样品准备

对于钢材试样，X 射线只能穿透几微米至十几微米的深度，测试结果实际是这个深度范围的平均应力，试样表面状态对测试结果有直接的影响。要求试样表面光滑，没有污垢、油膜及厚氧化层等。

由于机加工而在材料表面产生的附加应力层最大可达 $100\mu m$，因此需要对试样表面进行预处理。预处理的方法是利用电化学或化学腐蚀等手段，去除表面存在附加应力层的材料。

如果实验目的就是为了测试机加工、喷丸、表面处理等工艺之后的表面应力，则不需要上述预处理过程，必须小心保护待测试样的原始表面，不能进行任何磕碰、加工、电化学或化学腐蚀等影响表面应力的操作。

样品表面如有加工应变层或氧化膜存在时，要用电解抛光法除去。特别不能用机械抛光方法改变样品表面的应力状态。

为测定应力沿层深的分布，可用电解腐蚀的方法进行逐层剥离，然后进行应力测量。或者先用机械法快速剥层至一定深度，再用电解腐蚀法去除机械附加应力层。

当试样晶粒粗大时，可采用摇摆法或衍射面法线固定法测定。试样晶粒较细时可用侧倾法或同倾法（要作吸收校正）。当试样具有织构时，$2\theta-\sin^2\psi$ 关系往往不呈直线，所以要选多几个不同的 ψ 角测定。

用乙烯膜带限制入射线的照射面积可测定小区（$1mm^2$）的应力。

（2）数据测量

辐射波长与衍射晶面：由于 X 射线应力常数 K 与 $\cot\theta_0$ 值成正比，而待测应力又与应力常数成正比，因此布拉格角 θ_0 越大则 K 越小，应力的测试误差就越小。因此，应当尽可能选择高角衍射，而实现高角衍射的途径则是选择合适辐射波长及衍射晶面。辐射波长还影响穿透深度，波长越短则穿透深度越大，参与衍射的晶粒就越多。选择高角衍射还可以有效减小仪器的机械调整误差等。

测试点选择：对于一个实际试样，应根据应力分析的要求，结合试样的加工工艺、几何形状、工作状态等综合考虑，确定测点的分布和待测应力的方向。校准试样位置和方向的原则为：测点位置应落在测角仪的回转中心上；待测应力方向应处于平面以内；测角仪 $\psi=0°$ 位置的入射光与衍射光之中线应与待测点表面垂直。

ψ 角设置：如果被测材料无明显织构，并且衍射效应良好，衍射计数强度较高，设置两个 ψ 角即可，例如较为典型的 0°～45°法，这样在确保一定测试精度的前提下，可以提高测试的速度，节省仪器的使用资源。一般情况下，ψ 角设置越多则应力测试精度就越高。对于多 ψ 角情况的应力测试，ψ 角间隔划分原则是尽量确保各个 $\sin^2\psi$ 值为等间隔，例如 ψ 角可设置为 0°、24°、35°及 45°，这是一种较为典型的 ψ 角系列。

应力常数 K：晶体中普遍存在各向异性，不同晶向具有不同弹性模量，如果利用平均弹性模量来求解 X 射线应力常数，势必会产生一定误差。对已知材料进行应力测定时，可通过查表获取待测晶面的应力常数。对于未知材料，只能通过实验方法测定其应力常数。

用波长 λ 的 X 射线，先后数次以不同的 ψ 角照射到试样上，测出相应的衍射角 2θ。选用不同的入射角时，则相应的 ψ 角也不相同。求出 ψ 对 $\sin^2\psi$ 的斜率 M，便可算出应力 σ。在使用衍射仪测量应力时，试样与探测器 $\theta-2\theta$ 关系联动，属于固定 ψ 法。通常取 $\psi=0°$、15°、30°、45°测量数次，然后作 $2\theta-\sin^2\psi$ 的关系直线，最后按应力表达式求出应力值。

当 $\psi=0$ 时，与常规使用衍射仪的方法一样，将探测器放在理论算出的衍射角 2θ 处，此时入射线及衍射线相对于样品表面法线呈对称放射配置。然后使试样与探测器按 $\theta/2\theta$ 联动。

在 2θ 处附近扫描得出指定的 HKL 衍射线的图谱。

当 $\psi\neq0$ 时，将衍射仪测角台的 θ-2θ 联动分开。使样品顺时针转过一个规定的 ψ 角后，使探测器仍处于 0。然后联上 θ-2θ 联动装置在 2θ 处附近进行扫描，得出同一条 HKL 衍射线的图谱。

残余应力的测量实际上是以不同的入射角来测量样品内部不同取向的 HKL 晶面的面间距（衍射角）。改变 ψ 时，实际参与衍射的晶粒是以不同方向排列的，在应力状态下，这些不同方向的晶面的面间距是不同的（图 1-4）。

在衍射仪上测量应力时由于受机械限制，有可能不能选择特别高的衍射角。但是在保证衍射强度的前提下要尽可能选择高衍射角。应选择 $2\theta>120°$ 的衍射峰作为衍射对象。

（3）沿深度方向的应力梯度测量

X 射线透入金属的深度一般不超过 $10\mu m$。用电解抛光逐层除去试样表面，可测得应力垂直于试样表面方向的分布。如果试样较厚，测量点之间距离较大时，也可以先用机械磨抛的方法除去表面一层，再用电解抛光除去因机械减薄引入的应力层。

应力沿表面某一方向的应力分布则只需限制入射线的照射面积逐点测量。

（4）数据处理

1）测量数据

测量数据时，可以分开测量也可以用一个文件来保存多个 ψ 角测量。前者是用不同的文件来保存各次的测量数据，每个文件对应一个 ψ 角的测量结果。后者是在设置条件时使用一个文件、多个测量条件的方法，使不同 ψ 角的测量数据放在一个文件中。

2）读入文件

如果是使用分开保存的方法，应同时读入各个文件，如果是一个文件，读入文件时，几次测量的衍射线同时显示在窗口中。

3）进入计算

选择菜单"Options-Calculate Stress"命令，弹出如下的对话框（图 1-10）。

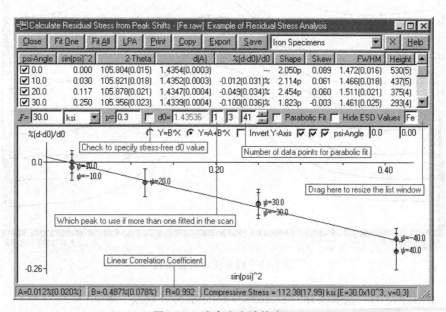

图 1-10　残余应力计算窗口

1.5 应用

1.5.1 测量铝合金抛丸处理后表面的残余应力

实验步骤如下所示。

① 样品制备：样品为抛丸后的铝合金板材，测量目的是测量抛丸后表面的压应力大小。因此，制备样品时应小心地从整块铝板中切取一个 20mm×20mm 的方形试样。用酒精小心地清洗样品表面的油污，不应改变表面的应力状态。

② 实验条件选择：侧倾法，Cu 靶辐射，点焦斑，准直管直径 1°，在带尤拉环的 Bruker D8 型 X 射线衍射仪上完成测量。正确的扫描条件应当以 $0.02°\sim0.03°$ 为步长，采用步进扫描，计数时间以满足能准确测量衍射峰位置为依据。因考虑在大 ψ 角时衍射强度降低，本实验中选择计数时间 3s。测量数据保存在【08001：3；铝合金残余应力 B. raw】。

③ 确定衍射面：测量全谱，确定残余应力测量衍射面。为保证完整地测量出（420）面的整个衍射峰，应当选择一个合适的测量范围。放大上面的图观察，可选择 $115.3°\sim118.3°$ 为 2θ 测量范围。选择 $\psi=0°\sim45°$ 间隔 $5°$ 测量残余应力图谱。

④ 读入残余应力图谱数据到 Jade，并作平滑处理（图 1-11）。

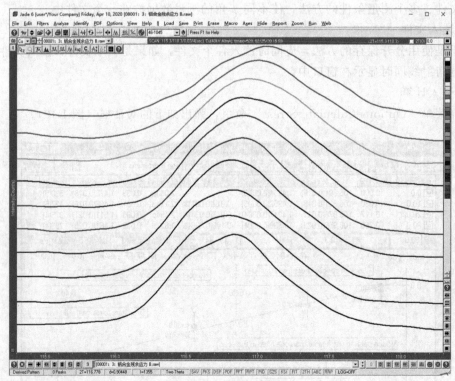

图 1-11　残余应力测量图谱

⑤ 计算残余应力：选择菜单"Options｜Calculate Stress"命令。

在 Psi-Angle（ψ 角）列下面的各行单击，稍等一会，就出现一个输入框，在每行都输

入相应的 ψ 角。

在 "$E=$" 和 "$\upsilon=$" 的文本框中分别输入 Al 合金的弹性模量和泊松比（$E=69.3\times10^3\,\mathrm{MPa}$，$\upsilon=0.35$）。

按下 "Fit All"，计算得到残余应力为 $\sigma=-130.29\,\mathrm{MPa}\pm11.13\,\mathrm{MPa}$（图 1-12）。

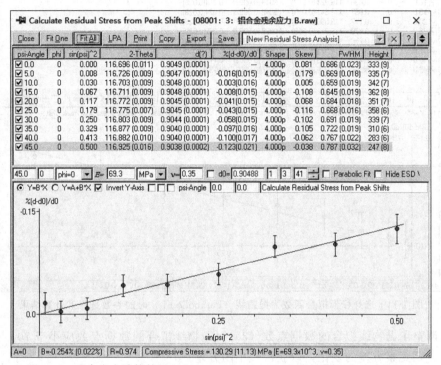

图 1-12　残余应力计算结果（Compressive Stress＝130.29MPa±11.13MPa）

拟合结果是按 Jade 默认的拟合函数进行拟合的（图 1-13）。

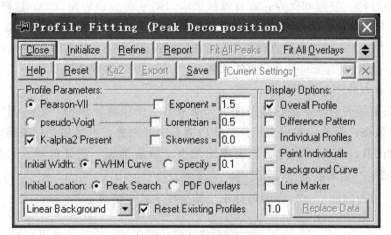

图 1-13　峰形拟合函数的选择

其特点是拟合时包含有所有数据点，适用于谱线较平滑、对称和较窄的测量数据。

如果勾选上 Parabolic Fit（抛物线拟合）选项，再重新拟合（Fit All），可得到如图 1-14 的结果。

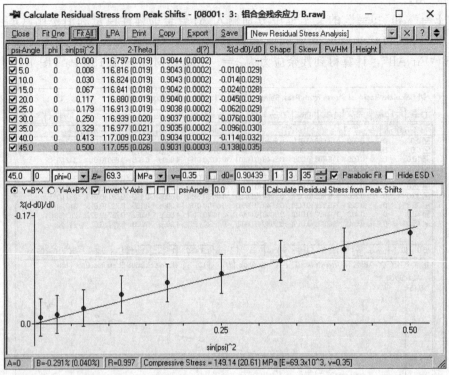

图 1-14　选择峰形拟合函数为抛物线（Parabolic Fit）时的参数选择和计算结果

这里调整了抛物线拟合的数据点数（35）。抛物线拟合的数据点数应小于 70。在调整拟合点数时，要观察方差的变化，以获得较小的方差。

抛物线拟合仅取衍射峰顶的若干个数据点（<70）进行拟合，适用于背景较高、峰顶较宽或者含有其他衍射杂峰的情况（图 1-15）。

⑥ 结果的打印、复制和保存：在计算残余应力的（图 1-14）窗口中，选择如下。

Print——打印结果；Ctrl＋Print——打印结果同时打印拟合图；Copy——拟合图发送到剪贴板；Copy（右击）——拟合数据列表发送到剪贴板；Save——以图形文件（＊.wmf）格式保存结果图像；Save（右击）——以文本文件（＊.ksi）格式保存结果。

计算残余应力的注意事项如下。

① 选择正确的衍射峰　在扫描范围内如果只有一个单峰，单击"Fit All"按钮就能拟合全部的测量数据，但是，如果在扫描范围内有多个峰重叠，就要用光标来确定选择哪个峰作为计算应力的峰。也可以在拟合列表中用最小二乘法排除不需要的峰。这里选择的是 1（下图中左边第一个文本框）。￼ 1 │ 3 │ 33 ⊞ ☑ Parabolic Fit 。

② 三轴应力的问题　三轴应力用最小二乘法按下式来计算应力。

$$\frac{(d-d_0)}{d_0}=A+B\sin\psi^2$$

式中，d_0 为 $\psi=0$ 时的峰位，如果测量三轴残余应力，应使 d_0 值相等，而不是使用各个方向都不相同的测量值。可以在"d_0"前的选择项中选中，并输入一个 d_0 值。测量结果的准确性与测量数据的可靠度有很大的关系。

③ 残余应力的计算误差　误差的大小可以参考 EDS 数据，但是，EDS 并非残余应力的

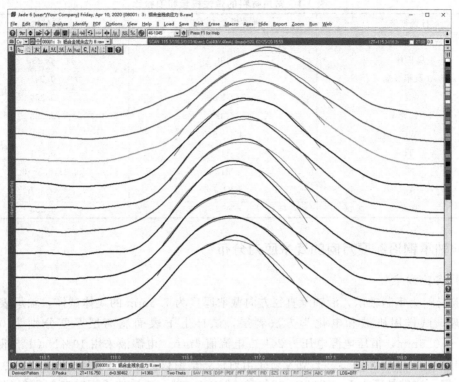

图 1-15　观察实测曲线与拟合曲线的吻合情况，以确定选择拟合函数的类型

计算误差值，它只是一个数据拟合（衍射峰形拟合和不同 ψ 角数据点拟合）误差，关于残余应力的误差估计应当考虑拟合误差和峰形等多个因素。真实的应力误差应当是同一试块多次测量结果的差别。

④ 双轴应力　应选择公式 $Y = BX$ 来计算。其中 $B = Stress\dfrac{1+\upsilon}{E}$，$\upsilon$ 是样品的泊松比，E 是样品的杨氏弹性模量。因此，图 1-14 的直线斜率为正时，表示拉应力（tensile stress）存在，斜率为负时，表示压应力（compressive stress）存在。

⑤ LPA 修正　如果选择测量的衍射峰的衍射角非常高，而且峰形非常漫散，会因为洛仑兹-偏振和吸收效应（LPA）而引起峰的偏斜，这时，需要对数据进行"洛仑兹-偏振-吸收"效应修正。

修正公式为：

$$LPA = \frac{(1+\cos^2 2\theta)\left(1-\dfrac{\tan\psi}{\tan\theta}\right)}{\sin^2\theta}$$

在残余应力计算窗口中，单击"LPA"按钮，在其左上角显示一个"＊"符号，表示使用了 LPA 修正，LPA 修正应在拟合之前使用。但是，如果采用侧倾法则不需要做 LPA 校正。

⑥ 材料的弹性模量和泊松比　理论上，由于材料的各向异性，选择不同的衍射面为测量对象时，其弹性模量和泊松比是不同的。但因其变化较小，一般都采用相同的数据。表 1-1 列出的数据本身就有一定的选择范围，但是，正确地选择材料常数是很重要的。

表 1-1　常用材料的弹性模量和泊松比

材料种类	弹性模量 E/GPa	泊松比 υ
铁素体,马氏体	210～220	0.28～0.3
奥氏体	196	0.28
Al 及铝合金	70	0.345
铜	129	0.364
铜-镍合金	132	0.333
WC	450～650	0.22
Ti	115	0.321
Ni	212	0.31,0.3～0.32
Ag	82.7	0.367
刚玉	408	0.233

1.5.2　轴承钢沿深度方向的残余应力分布

（1）实验方案

实验材料为钢制轴承，沿轴承直径方向截取厚度为 7.5mm 的块体试样，轴承表面经过喷丸处理，试样用机械和电化学方法剥层，试样上下表面剥离层厚度分别为 0.1mm、0.3mm 和 0.5mm，恒压电源电压为 20V，电流值 6mA，电解液采用 10%NaCl 溶液。实验仪器为 Bruker 公司 D8 Discover 型 X 射线衍射仪，衍射仪工作电压为 40kV，电流为 40mA，采用 Cu 靶，测定晶面为 Fe（211），衍射角 $2\theta=88.23°$，试样轴承钢轴向与衍射仪 X 轴平行放置测试，分别测量 Psi(ψ) 角为 0°、5°、10°、15°、20°、25°、30°、35°、40° 和 45°所对应的衍射角值，测量步长为 0.03°，停留时间 10s。

（2）图谱测量

在试样表面和距试样表面深度 0.0mm、0.1mm、0.3mm 和 0.5mm 处，采用侧倾法在不同 ψ 值下测定特定晶面 X 射线衍射角，采用重心法确定衍射峰位置，测得的 ψ 所对应衍射角 $2\theta_\psi$ 如表 1-2 所示。

表 1-2　不同 ψ 角所对应衍射角 $2\theta_\psi$

$\sin^2\psi$	$2\theta_\psi$			
	0mm	0.1mm	0.3mm	0.5mm
0	82.370	82.398	82.397	82.432
0.008	82.390	82.410	82.406	82.447
0.030	82.426	82.420	82.435	82.470
0.067	82.412	82.452	82.462	85.485
0.117	82.460	82.467	82.481	82.511
0.179	82.477	82.492	82.523	82.551
0.250	82.501	82.531	82.558	82.608
0.329	82.505	82.567	82.607	82.630
0.413	82.530	82.598	82.638	82.682
0.500	82.569	82.607	82.667	82.700

（3）应力计算

Fe 的弹性模量 $E=220264N/m^2$，泊松比 $\upsilon=0.28$，依据残余应力与衍射角的基本关系式可计算出试样沿轴向残余应力沿表层深度的分布（图 1-16），计算出来的值为负值，即宏观残余应力为压应力［图 1-16(a)］。

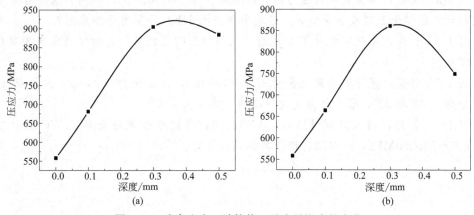

图 1-16 残余应力（计算值）随表层深度的变化

（4）测试结果修正

由于样品每剥去一层表层，都会引起残余应力的部分释放，导致剩余应力的重新分布，故所测得的已不是该层原始状态的应力值，必须对测定值进行修正。试样上表面为微弧面，可以视为平面试样，假设试样厚度为 h、距离表面为 a 的薄层上残余应力为 σ，校正方法为在试样上下表面各剥除厚度为 a 的表层，用 X 射线方法测定新表层的残余应力 σ_x，该层原始状态的残余应力为：

$$\sigma = \sigma_x - \frac{2}{h-2a}\int_0^a \sigma \mathrm{d}a$$

当 a 和 h 相比很小时，上式可近似地表达为：

$$\sigma = \sigma_x - \frac{a}{h-2a}(\sigma_{x_0} + \sigma_x)$$

式中，σ_{x_0} 为 X 射线衍射法测定的剥层前表面上的应力值。修正后的试样沿轴向的残余应力值如图 1-16(b) 所示。

（5）结果分析

通过测量可知：轴承钢经喷丸处理后，在 $0\sim0.5\mathrm{mm}$ 深度范围内，试样沿轴向宏观残余应力为压应力，残余应力值随表面深度的加深先增加后降低，0.0mm、0.1mm、0.3mm 和 0.5mm 深度层试样沿轴向宏观残余压应力值分别为 558.3MPa、663.8MPa、860.7MPa 和 749.9MPa。X 射线衍射方法测量的是近表面的残余应力，X 射线对金属材料的穿透深度约为 $10\mu\mathrm{m}$，通过电解抛光逐层剥除试样表层，可以测量试样不同深度的残余应力。由于电解抛光剥层时会部分释放应力，测量结果应通过校正公式对剥除时释放的应力进行校正，得到正确的结果。

1.6 讨论与实践

练习 1-1 讨论：分析构件残余应力的产生原因，如何消除有害的应力？

练习 1-2 讨论：从应力的存在范围来看，在一块冷轧钢板中可能存在哪几种内应力？它们的衍射谱有什么特点？如何计算？

练习 1-3 讨论：测量宏观内应力的方法有同倾法（转动 θ 法）和侧倾法，各有什么特点？用转动 θ 法测量宏观残余应力时，选定所使用的 HKL 晶面有哪些原则？

练习 1-4 讨论：宏观应力对 X 射线衍射花样的影响是什么？衍射仪法测定宏观应力的方法有哪些？

练习 1-5 计算：某材料的弹性模量 $E=5600\mathrm{MPa}$，泊松比为 0.4，$\psi=0°$ 和 45°时测得衍射角分别为 90°和 92°，那么材料大致存在多大的什么应力？

练习 1-6 训练：读入数据【Data：08002：9：硬质合金深冷处理后 WC 相的残余应力】，设 $E=540000\mathrm{MPa}$，$\upsilon=0.3$，请计算其残余应力。

第2章

织构的测定与分析

材料在铸造、加工或者相变及其自然生成过程中，晶粒的生长或排列会按照某种有序的方向进行，从而造成性能的方向性变化，使某些方向的性能和另一些方向的性能不同。熟悉这种具有织物纹理特征的组织结构的测量方法，从而了解材料的处理或加工工艺对这种组织结构和性能的影响，为科研提供理论依据是非常重要的。在这一章中，学习材料织构的概念、测量方法、数据处理方法及其应用。

2.1 织构及其分类

（1）织构

多晶体是许多单晶体的集合，如果晶粒数目大且各晶粒的排列是完全无规则的统计均匀分布，即在不同方向上取向几率相同，则这种多晶集合体在不同方向上就会宏观地表现出各种性能相同的现象，这叫各向同性。

然而多晶体在其形成过程中，由于受到外界的力、热、电、磁等各种不同条件的影响，或在形成后受到不同的加工工艺的影响，多晶集合体中的各晶粒就会沿着某些方向排列，呈现出或多或少的统计不均匀分布，即出现在某些方向上聚集排列的现象，因而在这些方向上取向几率增大，这种现象叫做择优取向。这种组织结构及规则聚集排列状态类似于天然纤维或织物的结构和纹理，称之为织构。

天然和人工制造的多晶聚合体很少是取向分布完全无序的，绝大多数都不同程度地存在着取向织构。例如，结晶岩石和矿石由熔体结晶过程中或者在变质岩形成过程中，均会形成织构。天然的或人工合成的纤维，由于生长或制造过程中长链状分子的定向排列而显示出织构。金属材料在液固结晶、气相沉积、电解沉积等过程中都会形成各种特征的织构。冷加工（冷拉、冷轧、挤压等）过程会形成变形织构，在随后的退火过程中又可形成再结晶织构。

织构的形成使材料的物理性能和力学性能表现出各向异性。多数情况下，织构的存在是有害的。例如，金属板材深冲加工时，由于各向异性，导致在径向发生不均匀延伸，冲杯的杯缘高度不相同，这种现象称之为"制耳"（图 2-1）。易拉罐在成形过程中要进行减薄拉伸加工，因此要求铝板材的制耳率低。制耳率高会增加罐口剪边量，引起边角料堵塞，在自动、连续的生产线上甚至造成停机。

但在有的情况下，织构的存在却是有利的。例如，在加工变压器硅钢片和坡莫合金时，需要造成<001>方向与硅钢片法线平行的织构，此时，沿晶体的易磁化方向形成强织构，可提高磁性能。高聚物一般是不良导体，如在有机玻璃中加入 N，N-二甲基胺硝基二苯乙烯，然后将其加热到玻璃化温度 T_g，再加一强磁场，高聚物就会按极性定向排列，快速降温，这种极性的定向排列就会被冻结下来，造成择优取向，此时的高聚物就具有传导光产生电荷的能力了。高温超导体 $YBa_2Cu_3O_{7-x}$ 的超导特性在（001）面。TiN 镀膜的（111）面耐磨性好，镀膜时加在基体上的负偏压越大，（111）织构就越严重，耐磨性就越好。氮气分压对钛蒸发量比值加大，基体温度升高，颜色由淡黄经金黄向红黄转变，同步以（111）织构的减弱，（200）织构的增强。

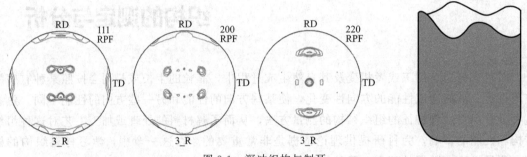

图 2-1　深冲织构与制耳

　　了解织构的产生原因及其影响因素，通过改变工艺制度来控制织构，是人们提高生产效率、提高产品性能，降低生产成本的有效手段。例如，为了生产无制耳的深冲产品，一方面可降低产生制耳的织构强度，另一方面也可以增加其他类型的新织构，以降低制耳的高度。由此可见，织构的测定具有重要的实际应用意义。

　　（2）织构类型

　　若按产生织构的原因或工艺来分，可以将织构分为冷变形织构（形变织构）、再结晶或二次再结晶过程中产生的再结晶织构、热变形过程中产生的织构（包括变形织构和再结晶织构）、铸造或烧结过程中产生的织构、相变过程以及薄膜中的织构等。

　　为了具体描述织构，常把择优取向的晶体学方向（晶向）和晶体学平面（晶面）跟多晶体宏观参考系相关连起来。这种宏观参考系一般与多晶体外观相关连，譬如丝状材料一般采用轴向；板状材料多采用轧面及轧向。多晶体在不同受力情况下，会出现不同类型的织构。概括起来，可分为丝织构和板织构两种类型。

　　1）丝织构

　　轴向拉拔或压缩的金属或多晶体中，往往以一个或几个结晶学方向<UVW>平行或近似平行于轴向，这种织构称为"丝织构"或"纤维织构"。理想的丝织构往往沿材料流变方向对称排列。其织构常用与其平行的晶向指数<UVW>表示。把拉丝方向平行的晶体学方向指数<UVW>称为丝织构轴（纤维轴）指数。例如，冷拉铝丝中，100%晶粒的<111>方向与拉丝轴平行，即具有<111>丝织构（或纤维织构）。另外有一些面心立方金属具有双重织构，即某些晶粒的<111>方向与拉丝轴平行，而另一些晶粒的<100>方向与拉丝轴平行。例如，冷拉铜丝有 60% 晶粒的<111>和 40% 的<100>方向与拉丝轴平行；金则各占50%；而银分别为 75% 和 25%。冷拉体心立方金属只有一种<110>丝织构。

　　某些锻压、压缩多晶材料中，晶体往往以某一晶面法线平行于压缩力轴向，此类择优取向称为面织构，常以｛HKL｝表示。

　　2）板织构

　　这种织构以冷轧金属板材中的织构最为典型。它的特征是，多数晶粒以某一晶体学平面｛HKL｝与轧面平行或近于平行，同时，某一晶体学方向<UVW>与轧向平行或近于平行。其产生原因是在轧制过程中，轧制板材中的晶体既受拉力又受压力，因此除了某些晶体学方向平行轧向外，还有某些晶面平行于轧面，故此类织构称为"板织构"。常以 {HKL}<UVW> 表示。

例如，冷轧铝板的理想织构为 (110)[$\bar{1}$12]，具有这种织构的金属还有铜、金、银、镍、铂以及一些面心立方结构的合金。多数情况下，一种冷轧板材可能具有 2 种或 3 种以上的织构。当然，其中有主次之别。例如，冷轧铝板除了(110)[$\bar{1}$12]织构外，还有(112)[11$\bar{1}$]织构。冷轧变形 98.5% 的纯铁具有(100)[011]、(112)[1$\bar{1}$0]、(111)[11$\bar{2}$]三种织构。冷轧变形 95% 的纯钨板具有(100)[011]、(112)[1$\bar{1}$0]、(114)[1$\bar{1}$0]、(111)[1$\bar{1}$0]共 4 种织构。

2.2　织构材料的衍射几何特征

当用单色 X 射线照射完全无序的试样时，所获得的衍射圆环强度分布是均匀的。当试样中存在织构时，衍射圆环就变成不连续的衍射弧斑。下面以丝织构的衍射几何为例，说明衍射花样的形成原理和特征。

图 2-2 绘出的是理想丝织构某 (HKL) 反射面衍射的厄瓦尔德图解。当晶粒取向分布完全无序时，(HKL) 反射面的倒易矢量应均匀地布满整个倒易球，如果用与入射线垂直的平面底片照相时，其衍射花样应为均匀分布的衍射圆环。当形成丝织构时，各晶粒的取向趋于与丝织构轴平行。如果通过某个与织构轴成一定角度的 (HKL) 反射面来描述织构时，则该反射面的倒易矢量 r^* 与织构成固定的取向关系，其夹角为 ρ。由于丝织构具有轴对称性，因此就形成了以 2ρ 为锥顶角，r^* 为母线和以织构轴为中心轴的对顶织构圆锥。当反射球与倒易球相交时，只有织构圆锥母线和反射球面的交点才能产生衍射。两球交线的其他部位虽然也满足衍射条件，但因织构试样中不存在这种取向而不能产生衍射。从反射球心向能产生衍射的四个交点连线，即为衍射方向。对实际存在的织构，不可能是理想状态，它存在着一定的取向离散度，故织构圆锥具有一定的厚度，因此反射球与织构圆锥形成以理想交点为中心的弧段。如果在与入射线垂直的部位装一张平面底片，便可摄得如图 2-3 所示的衍射弧斑组成的衍射花样。

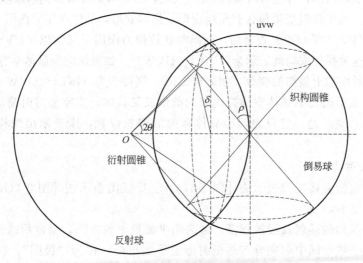

图 2-2　丝织构的厄瓦尔德图解

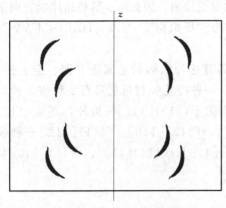

图 2-3　丝织构衍射花样

丝织构衍射弧斑的数目取决于反射球与织构圆锥的相交情况。当 $\rho<\theta$ 时，没有交点；$\rho>\theta$ 时，有 4 个交点；$\rho=\theta$ 时，在织构轴上有 2 个交点；$\rho=90°$时，在水平轴上有 2 个交点。如果反射面与织构轴有多个夹角，或者试样中存在多重织构，则衍射弧斑会以 4 或者 2 的倍数增加。

在图 2-2 中，δ 为衍射弧斑与织构的夹角，可从实验中测得。在入射线与织构轴垂直的情况下，根据球面三角关系可导出：

$$\cos\rho = \cos\theta\cos\delta \qquad (2-1)$$

从实验中测得 δ 角，由式（2-1）计算出 ρ，然后利用晶面与晶向夹角公式可求出丝织构轴指数$<UVW>$。

2.3　织构的表示方法

择优取向是多晶体在空间中集聚的现象，肉眼难以准确判定其取向，为了直观地表示，必须把这种微观的空间集聚取向的位置、角度、密度分布与材料的宏观外观坐标系（拉丝及纤维的轴向，轧板的轧向、横向、板面法向）联系起来。通过材料宏观的外观坐标系与微观取向的联系，就可直观地了解多晶体微观的择优取向。

晶体 X 射线衍射学中，织构表示方法有多种，如晶体学指数表示法、直接极图法、反极图法、取向分布函数表示法等。

（1）晶体学指数表示法

在纤维材料或者丝中形成的纤维织构，它们通常是以一个或几个晶体学方向$<UVW>$平行或近似平行于纤维或丝的外观轴向，这种$<UVW>$晶向就称为织构轴。通过这种表示法，人们了解到在这种纤维或丝中，多晶体材料中的大多数晶粒是以$<UVW>$晶向平行或近似平行于纤维轴而择优取向的，称这种纤维材料或丝具有$<UVW>$纤维织构（或丝织构）。

对于板织构，由于轧制变形包含有压缩变形及拉伸变形，晶体在压力作用下，常以某一个或某几个晶面$\{HKL\}$平行于轧板板面，而同时在拉伸力作用下又常以$<UVW>$方向平行于轧制方向，因而这种择优取向就表示为$\{HKL\}<UVW>$。如果轧向与晶体学方向$<UVW>$有偏离，则常在它后面加上偏离的度数，如偏离$\pm10°$，则可表为$\{HKL\}<UVW>\pm10°$。

晶体学指数表示法表示晶体空间择优取向既形象又具体，文字书写时简洁明了，是最常用的表示法之一。缺点是，它只表示出晶体取向的理想位置，未表示出织构的强弱及漫散程度。

（2）图形表示法

图形表示法包括直接极图表示法［图 2-4(a)］、反极图表示法［图 2-4(b)］和取向分布函数表示法［图 2-4(c)］。

为了表示出织构的强弱及漫散程度，常采用平面投影的方法。最常用的是极射赤道平面投影法。晶体在三维空间中取向分布的极射赤道平面投影，称为"极图"。极图分"直接极图"和"反极图"。此外还可用等面积投影法，得到等面积投影极图。

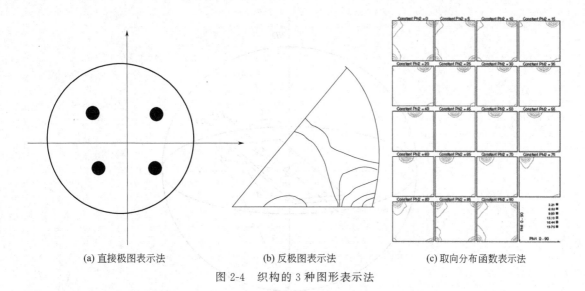

(a) 直接极图表示法　　　　　(b) 反极图表示法　　　　　(c) 取向分布函数表示法

图 2-4　织构的 3 种图形表示法

　　直接极图亦称作正极图。直接极图表示法是把多晶体中每个晶粒的某一低指数晶面 (hkl) 法线相对于宏观坐标系 (轧制平面法向 ND、轧制方向 RD、横向 TD) 的空间取向分布，进行极射赤道平面投影来表示多晶体中全部晶粒的空间位向。

　　反极图以晶体学方向为参照坐标系，特别是以晶体的重要的低指数晶向为坐标系的三个坐标轴，而将多晶材料中各晶粒平行于材料的特征外观方向的晶向均标示出来，因而表现出该特征外观方向在晶体空间中的分布。将这种空间分布以垂直晶体主要晶轴的平面作投影平面，作极射赤道平面投影，即成为此多晶体材料的该特征方向的反极图。所以说反极图是表示被测多晶材料各晶粒的平行某特征外观方向的晶向在晶体学空间中分布的三维极射赤道平面投影图。

　　极图和反极图均是晶体在空间中取向分布的极射赤面投影，它们不能完全描述晶体的空间取向，这就是用它们判定织构时会错判和漏判的原因。1965 年由罗伊 (Roe) 和邦厄 (Bunge) 各自独立提出来多晶织构材料的晶粒取向分布函数 (orientation distribution fuction)。

　　下面分别介绍这几种图形表示法的测绘、计算与应用。

2.4　直接极图

2.4.1　极图的定义

　　极图是一种描述织构空间取向的极射赤面投影图。

　　直接极图表示法是把多晶体中每个晶粒的某一低指数晶面 (hkl) 法线相对于宏观坐标系 (轧制平面法向 ND、轧制方向 RD、横向 TD) 的空间取向分布，进行极射赤道平面投影来表示多晶体中全部晶粒的空间位向 (图 2-5)。

　　图 2-5 中，建立轧制板材的宏观坐标系，板材由数量很多的晶粒组成，其中一个晶粒的 {HKL} 晶面的极射赤面投影为 P 点，而另一个晶粒因为其取向不同，{HKL} 晶面的极射赤面投影则不会在 P 点。当把所有晶粒的 {HKL} 都进行极射赤面投影后，在投影面上记

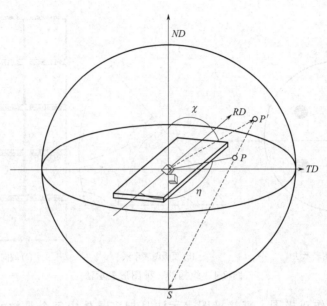

图 2-5 多晶材料的极射赤面投影图

录了各晶粒〔HKL〕晶面的极射赤面投影点。若板材不存在织构，投影面上的投影点会均匀分布；若某个取向的晶粒多，在投影面上对应位置的投影数量多。若将投影面上某点处的投影数称为极密度，极密度实际上表示的就是该取向的晶粒数量（或体积分数）。

对一个试样可以用不同的晶面分别绘制出不同的极图来表示。每个极图用被投影的晶面指数命名。例如多晶样品中，所有晶粒的指定晶面〔001〕在轧制平面上的极射赤面投影，称为（100）极图；所有晶粒的指定晶面〔110〕在轧制平面上的极射赤面投影，称为（110）极图；所有晶粒的指定晶面〔111〕在轧制平面上的极射赤面投影，称为（111）极图。

图 2-6 绘制的是分别与织构轴平行（a）和垂直（b）的平面为投影面，所测绘的冷拉钨丝 100 极图。其中〔100〕晶面族与<110>织构轴存在两种夹角，分别为 45°和 90°，故形成以 45°和 90°为半锥顶角的两个织构圆锥。当以与织构轴平行的平面作投影面进行投影时，半锥顶角为 45°的织构圆锥的极射赤面投影分别位于与投影面水平轴对称的 45°纬线小圆弧上，形成两对对称的离散投影带；而半锥顶角为 90°的织构圆锥蜕变成一个与投影面垂直的大圆平面，它在投影面水平

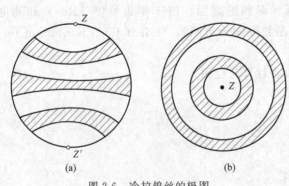

图 2-6 冷拉钨丝的极图

轴上形成一条离散的投影带，Z 和 Z′为织构轴的投影点，如图 2-6(a) 所示，它由 2 个相距 45°角的同心圆环组成，织构轴的投影点位于投影基圆中心。

板织构极图不像丝织构极图那样简单直观，但它们的投影原理是相同的。板织构的空间取向分布比较复杂，因此它的极图也比丝织构极图复杂得多。板织构极图是以轧面为投影面绘制的各晶粒中某〔HKL〕晶面空间取向分布的极射赤面投影，同时，在该投影面上还标绘出试样轧面法向（ND）、轧向（RD）和横向（TD）的极射赤面投影点。图 2-7 是当晶

粒取向为图 2-7(a) 所示与板材宏观方向关系时，所测得的 3 种极图。

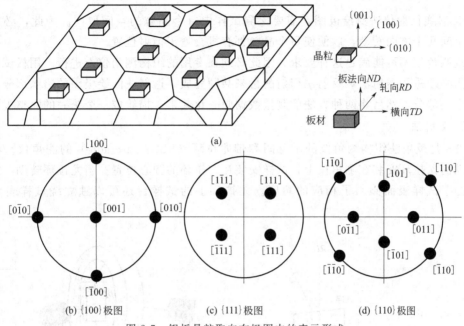

(a)

(b) {100}极图　　　(c) {111}极图　　　(d) {110}极图

图 2-7　铝板晶粒取向在极图中的表示形式

由于在 1 个投影图上只投影了某个（hkl）极点，其他晶面并未投影出来（这与单晶标准投影图不同），因此这个极图便叫做（hkl）极图。它反映出在试样中具有某种择优取向时，（hkl）极点所形成的极密度分布花样。（100）极图表示的是试样中所有晶粒的（100）晶面在板面上的投影。从图 2-7(a) 可知，板材中所有晶粒的 {001} 为板面法向，而 {100} 方向与轧向平行。因此所有晶粒的 {100} 投影点集中在（100）极图中的 5 个位置。中心位置是（001）和（00$\bar{1}$）晶面的投影，左右两点是（0$\bar{1}$0）和（010）的投影，上下两处为（$\bar{1}$00）和（100）的投影。同样，（111）极图表示的是试样中所有晶粒的（111）晶面在板面上的投影。

（hkl）一般采用低指数晶面，常用（100）、（110）、（112）等，可分别绘出（100）、（110）、（112）等极图。同一试样的（100）极图与（110）或其他（hkl）极图上的极密度分布的花样可以不同，但根据它们所标定的织构却是相同的。实际工作中，根据需要和方便选测某一特定（hkl）极图，用另一（hkl）极图验证所定织构的正确性。

试样中某一方向 $P(\chi,\varphi)$ 的 {HKL} 极密度 $q_{HKL}(\chi,\varphi)$ 定义为

$$q_{HKL}(\chi,\varphi)=K_q\frac{\Delta V}{V}/\sin\chi\,\Delta\chi\,\Delta\varphi \tag{2-2}$$

式中，$\sin\chi\,\Delta\chi\,\Delta\varphi$ 为 $P(\chi,\varphi)$ 的方向元；ΔV 为 {HKL} 法向落在该方向元内的晶粒体积；V 为试样体积；K_q 为比例系数，令其为 1。

在测绘极图时，通常将无织构标样的 {HKL} 极密度规定为 1，将织构极密度与无织构的标样极密度进行比较定出织构的相对极密度。因为空间某方向上的 {HKL} 衍射强度 $I_{HKL}(\chi,\varphi)$ 与该方向参加衍射的晶粒体积成正比，因此 $I_{HKL}(\chi,\varphi)$ 与该方向的极密度 $q_{HKL}(\chi,\varphi)$ 成正比。

2.4.2　极图的测绘

用 X 射线衍射仪法测绘极图，需要探测试样中每个晶粒的空间取向。为此，必须使试样能在空间几个方向转动，以便使每个晶粒都有机会处于衍射位置。

常规测角仪不可能满足这种要求，因此必须在专用的织构测角仪上进行。用板试样测绘完整极图必须采用透射法和反射法衍射测量来共同完成。透射法测绘极图的边缘部分，反射法测绘中央部分，然后将两种方法的测量数据归一化起来，描绘成一个统一的完整极图。

（1）反射法

图 2-8 是反射法织构测角仪的示意图和带尤拉环（Eulerian cradle）的测角仪。将一个可以转动的尤拉环安装在测角仪上，试样安装在尤拉环的圆心位置。当尤拉环转动一定角度后，相当于试样表面倾斜了相应的角度。尤拉环上的试样台还可以独立绕试样表面法线旋转。

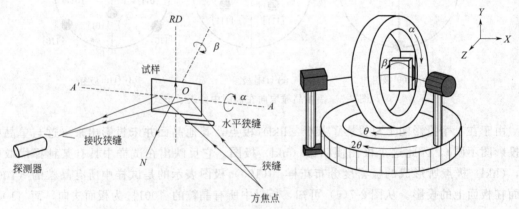

图 2-8　反射法实验原理与装置

在尤拉环上的试样架可沿其内壁移动，以此来实现试样绕测角仪水平轴（即尤拉环的中心轴）转动，其转动角用 χ 表示。试样架还可绕自身的中心轴转动，其转动角用 φ 表示。

测量前将 X 射线管和计数器设置在试样表面的同侧。计数器定位在被测反射面衍射角 2θ 处，在测量过程固定不动（例如，测量 $\{111\}$ 极图时，将二者定位于 $\{111\}$ 衍射角位置），通过 χ 和 φ 角的转动来实现反射法衍射测量。χ 是试样表面法线与反射面法线的夹角，在反射法测量中用 χ 角作为试样表面绕测角仪水平轴（即尤拉环中心轴）的倾动角，规定它顺时针转动为正；φ 为试样表面绕自身法线的转动角，规定它逆时针转动为正。

在反射法测量的衍射几何中，反射线束可以聚焦，故可用较大的入射线发散度。但为了减少散焦（因为试样绕测角仪水平轴倾动造成散焦），入射线必须投射在沿测角仪水平轴两侧的狭窄区域内。为此要在试样架前加一个水平狭缝。

反射法测量的试样初始位置为试样表面（轧面）法线与反射面法线重合的位置，即为 $\chi=0$ 的位置，并且轧向与测角仪轴平行，即 $\varphi=0$。这时所探测的是极图中心点的极密度，即 $\alpha=90°$ 的极密度。从反射法与透射法统一衔接的角度来看，反射法测量的初始位置 $\chi=0$、$\varphi=0$ 所对应的极图中 $\{HKL\}$ 极点转动角应为 $\alpha=90°$、$\beta=90°$，α 与 χ 角的关系为 $\alpha=90°-\chi$。为了使反射法和透射法的测量统一，两者应选取相同的试样倾动角步长和转动角步长，即取 $\Delta\chi_R=\Delta\omega_T$ 和 $\Delta\varphi_R=\Delta\chi_T$。

在进行测量时，试样表面绕测角仪水平轴顺时针每倾动一步，譬如，$\Delta\chi=5°$，随后试样表面绕其法线以步进或连续方式顺时针转 $360°$（φ 转动角），这相当于在极图上沿 $\alpha=90°-\chi=85°$ 的纬线圆以 $\beta=0°\sim360°$ 探测一周，测得一条衍射强度曲线，如图 2-9 所示。如果试样不存在织构，则所测衍射强度曲线应为一条水平直线，即任何方向所测强度没有变化。利用所测得的 $I_{HKL}(\chi,\varphi)-\varphi$ 曲线图 2-9(a) 标出该纬线圆（$\alpha=70°$）上的 {HKL} 相对极密度值图 2-9(b)。试样继续绕测角仪水平轴倾动 χ 角，每倾动一步，φ 角就转动 $360°$，测得一个 $I_{HKL}(\chi,\varphi)-\varphi$ 曲线，并在极图中相应的 $\alpha=90°$ 纬线上标出 {HKL} 相对极密度值。一直测量到与透射法测量的衔接角 $\chi_{max}=\chi$（例如 $15°$），在极图中的对应角为 $\alpha=90°-\chi_{max}$ 将极密度相等的极点连成极密度等高线，即绘成极图的中央区图 2-9(c)。这种只有内部数据的极图称为不完整极图。

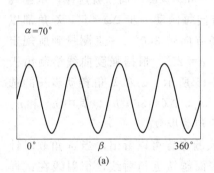
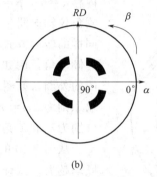
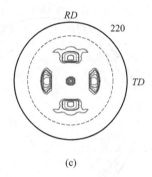

图 2-9　反射法测绘极图示意图

（2）透射法

透射法测量的实验布置如图 2-10 所示。测量前，将 X 射线管和计数器分别设置在试样表面的两侧。计数器定位在被测反射面衍射角 2θ 处，在测量过程固定不动。通过 ω 和 χ 角的转动来实现透射法衍射测量。其中，ω 为试样绕测角仪轴的倾动角；χ 是试样绕其表面法向的转动角。由于透射法衍射几何不能使各晶粒的 HKL 衍射线束聚焦，因此要将入射线的发散度调至尽可能小；而计数器接受狭缝要能通过整个衍射线束。为了提高辐射强度，在织构测量中使用 X 光管的点焦斑。

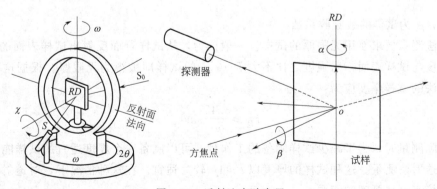

图 2-10　透射法实验布置

将薄片试样安装在尤拉环的试样架上，使试样表面与尤拉环的中心面重合。试样的初始位置为：轧向与测角仪轴平行，轧面（即试样表面）位于入射线和衍射线的中分角面上，反射面 {HKL} 法线与轧面的横向重合。此时所探测的是 HKL 极图横向的极密度。初始状态下试样的倾动角 ω 和转动角 χ 均为零。由于要将各种转动角（ω 和 χ）下所探测的 {HKL} 极密度都投影到一个投影面上，即以初始状态的轧面为投影面，因此必须将试样转动后的 {HKL} 极密度返回到初始状态下的投影面上来。假如，用 α 和 β 相应地表示 {HKL} 极密度在极图上的转动角，并规定逆时针转动为正，顺时针为负。那么在绘制极图时，{HKL} 极密度的转动（α 和 β）方向刚好与试样转动（ω 和 χ）方向相反。

在开始测量时，先让试样倾动角 $\omega=0°$ 不动，只让试样绕自身法线以步进或连续方式顺时针转动 360°，即 χ 角从零点（TD）向负方向转 360°。这时，在极图上相当于 $\alpha=0°$，β 从零点（TD）向正方向沿投影基圆探测一周。然后，让试样绕测角仪轴顺时针倾动一步，譬如，$\Delta\omega=-5°$，随后以同样的方式绕表面法线顺时针转 360°。此时在极图上相当于 α 角内移 $\alpha=5°$，$\beta=0°\sim360°$ 探测一周。就这样，试样绕测角仪轴向同一方向每倾动一步 $\Delta\omega=5°$，χ 角都以同样的转动方式和方向转 360°，一直测量到所规定的倾动角，例如，$\omega=25°$。根据强度曲线绘制出极图的外圈，如图 2-11 所示。ω 和 χ 角转动步长的选取原则为 $\Delta\omega=90/n_\omega$，$\Delta\chi=360/n_\chi$，其中 n_ω 和 n_χ 分别为 ω 和 χ 角的转动步数。

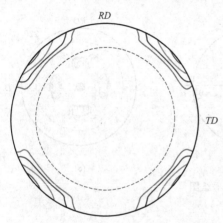

图 2-11　透射法绘制极图的示意图

从图 2-10 的实验布置可以看出，当 ω 角顺时针倾动越大，试样表面越接近衍射线，衍射线在试样中穿行的路程越长，被吸收的就越严重。因此透射法只能测绘极图的边缘区（图 2-11），其余的中央部分要用反射法来测绘。

（3）测量结果的校正

1）试样厚度的校正

透射法测量要求使用能使 X 射线穿透，并且能获得最大衍射强度的薄片试样。根据试样对 X 射线的吸收关系可以导出，当试样倾动角 $\psi=0$ 时，透射法试样的最佳厚度为：

$$t_T=\frac{\cos\theta}{\mu} \tag{2-3}$$

式中，μ 为试样的线吸收系数。

反射法测量要求使用无限厚的试样。一般认为，从试样背面反射出试样表面的 {HKL} 衍射线强度与试样表面衍射强度之比不大于 10^{-3} 的试样即被视为无限厚。根据这种要求可导出反射法的试样厚度应为：

$$t_R\geqslant\frac{3.45}{\mu}\sin\theta \tag{2-4}$$

在实际测量时，为了减少试样制备的工作量，可以制备一个厚度适宜的试样能同时用于反射法和透射法测量。这种试样的厚度以 $t\approx1\mu$ 较为适宜。在这种情况下，对透射法和反射法都存在校正试样厚度的问题。

从织构测量的衍射几何关系来看，衍射强度既与试样吸收有关，也与它所处的几何位置有关。衍射强度变化与试样厚度、吸收系数和设置角的关系可以由以下理论计算得出。

对透射法：

$$I_o(\omega,\chi)=I_c(\omega,\chi)C(\omega) \tag{2-5}$$

式中，I_o 为测量强度；I_c 为校正后的强度。

$$C(\omega)=\frac{\mu t\exp\left(\dfrac{-\mu t}{\cos\theta}\right)}{\dfrac{1}{\cos\omega}}\times\frac{\dfrac{1}{\cos(\theta-\omega)}-\dfrac{1}{\cos(\theta+\omega)}}{\exp\left[\dfrac{-\mu t}{\cos(\theta+\omega)}\right]-\exp\left[\dfrac{-\mu t}{\cos(\theta-\omega)}\right]} \tag{2-6}$$

对反射法：

$$I_c(\chi,\varphi)=I_o(\chi,\varphi)C(\chi) \tag{2-7}$$

式中

$$C(\chi)=\frac{1-\exp\left(\dfrac{-2\mu t}{\sin\theta}\right)}{1-\exp\left(\dfrac{-2\mu t}{\sin\theta\cos\chi}\right)} \tag{2-8}$$

2）扣除背底

背底的测量方法为：在保持与试样测量条件不变的情况下，将计数器从〔HKL〕衍射峰位置分别移到与〔HKL〕衍射峰左右毗邻衍射峰间距的中间位置，重复测量几次〔HKL〕衍射峰的高角侧背底和低角侧背底，然后取其平均值作为〔HKL〕衍射峰的背底值。由于试样在各倾动角下的背底各不相同，因此在每个倾动角下都要测定一次背底，作为该倾动角下〔HKL〕衍射强度随转动角分布曲线的背底。

对反射法，背底强度可在无织构的标样上确定；而对透射法，由于背底强度与试样厚度有很大关系，况且制备无织构的薄片标样是很困难的，因此背底的测定总是在各倾动角下测量试样〔HKL〕衍射强度的同时，测量试样本身的背底。

3）散焦校正

在反射法测量中，随着试样倾动角的增加，试样表面愈来愈趋向与入射线和衍射线平行，由此而产生散焦，使衍射强度降低。这种强度损失，可以通过在与试样相同的测量条件下，测量无织构标样的衍射强度 I_s 来补偿织构试样的散焦效应：

$$I_c(\chi,\varphi)=I_o(\chi,\varphi)\frac{I_s(0)}{I_s(\chi)} \tag{2-9}$$

4）反射测量与透射测量的衔接

由于测量方法不同，使反射法和透射法测量衔接处的测量结果不相等。但实际上在此处两种测量方法所探测的是极图上同一个 α 角纬线圆的极密度，本应是相等的。为了将两种方法的测量结果衔接起来，绘制一个统一的完整极图，必须令衔接处两种方法的测量结果相等，并使整个测量结果一体化。为此，可将透射法的测量强度 $I_o(\omega,\chi)$ 乘上一衔接系数 K_C 以进行校正。

$$I_c^T(\omega,\chi)=I_o^T(\omega,\chi)K_C \tag{2-10}$$

如果在 $\chi=\chi_{max}$ 衔接处，$I_{max}^R(\chi_{max},\varphi_0)>1.5I_s(\chi_{max})$，即在衔接处肯定能测到织构衍射峰时：

$$K_C=\frac{I_{max}^R(\chi_{max},\varphi_0)}{I_{max}^T(\omega_{max},\chi_0)} \tag{2-11}$$

　　如果在衔接处测不到织构衍射峰，必须在 $\chi = \chi_{max}$ 处分别测量反射法和透射法试样绕其表面法线转动 360°时强度的平均值。在这种情况下：

$$K_C = \frac{\int_0^{2\pi} I_{HKL}^R(\chi_{max}, \varphi) \mathrm{d}\varphi}{\int_0^{2\pi} I_{HKL}^T(\omega_{max}, \varphi) \mathrm{d}\varphi} \tag{2-12}$$

　　最后，将校正后的测量值进行归一化：

$$I_N(\chi, \varphi) = \frac{I_c(\chi, \varphi)}{N_{HKL}} \tag{2-13}$$

式中，I_N 为归一化强度。

$$N_{HKL} = \frac{1}{2\pi} \int_0^{\frac{\pi}{2}} \int_0^{2\pi} I_c(\chi, \varphi) \cos\chi \, \mathrm{d}\varphi \mathrm{d}\chi \tag{2-14}$$

5）制样方法

　　制样时用机械研磨、电解减薄或化学腐蚀交替使用的方法，使试样减薄磨平。操作时不能使试样过热或塑性变形，不能产生麻坑、翘曲，最后用化学腐蚀或电解抛光至最终厚度，以去掉加工干扰层。制备好的试样应有一平坦的表面。所测的数据满足极图国家标准 GB/T 17103—1997《金属材料定量极图的测定》的标准规定；反射法样品厚度为无限厚（≥0.034mm），透射法厚度为 0.03～0.1mm。

2.4.3　组合试样法测绘完整极图

　　某些充分退火后的板材中，如果沿厚度方向织构变化不大，且织构又具有对称性，则可以用组合试样和反射法测绘完整极图，因最大扫测范围为 54.73°，故无需作强度散焦校正。

　　轧制板材中，晶粒取向分布可存在以垂直轧向、横向等的平面作对称面而分布的情况。Lopata 和 Kula 考虑到这点，采用片状试样做成组合试样，绘制了第一象限极图，通过垂直轧向与横向的对称面的对称而得到全极图。组合试样的制备方法为，从冷轧板材上切下若干块方片，方片的边分别与轧向和横向平行。将这些方片按轧向与轧向、横向与横向重合的方式粘合成一个立方体。然后切去组合立方体的一个角，并使切割面法向与轧面法向、轧向、横向之间的夹角相等，均为 54.74°，如图 2-12 所示，该切割面即为组合试样的被测表面。如果以轧面为投影面作被测切割面的极射赤面投影，则它的投影点刚好位于该投影图中一个象限的中心，如图 2-13 所示。

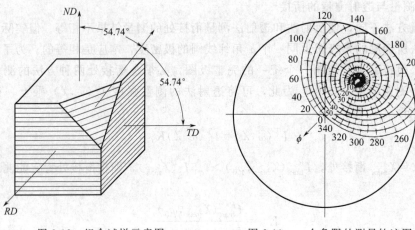

图 2-12　组合试样示意图　　　　图 2-13　一个象限的测量轨迹图

组合试样用反射法测量。在测量过程中，试样绕被测切割面中的一个轴倾动，每倾动一步，试样绕切割面法线转 360°，一直测量到倾动角 $\chi=0\sim55°$；也可让试样在绕轴倾动的同时绕切割面法轴转动，进行连续测量，其测量轨迹如图 2-13 所示，所测得的是 {HKL} 极图中一个象限的衍射数据。以轧面为投影面，作所测 {HKL} 极密度的极射赤面投影，便可在投影图的一个象限绘出 1/4 极图，其余 3/4 可通过对轧向和横向的对称关系绘出。这样，利用组合试样只需用反射法测量便可测绘完整极图。

2.4.4　极图分析

极图分析就是要从所测绘的 {HKL} 极图判定被测试样的织构内容，例如，织构组分、织构离散度以及各织构组分之间的关系等。织构组分的判定通常采用尝试方法或者凭经验读出。

（1）尝试法

即将所测得的 {HKL} 极图与同晶系的标准极射赤面投影图对照观察。

其作法为：将标准投影图逐一地与被测极图对心重叠，转动其中之一进行对比观察，一直到标准投影图中的 {HKL} 极点全部落在极图中极密度分布区为止。这时，该标准投影图中心点的指数即为轧面指数（HKL），与极图中轧向投影点重合的极点指数即为轧向指数 [uvw]。这样，便确定了一种理想织构组分（HKL）[uvw]。例如，图 2-14(a) 是一张铝合金的实测极图，图 2-14(b) 是一张立方晶系的 (100) 单晶投影图。将同尺寸的两张图同心叠加在一起，转动其中之一，使 (b) 中的 {111} 极点与实测极图中的高极密度点重叠，此时，标准投影图圆心的指数即为 {HKL}={001}，RD 所指的极点即为 <UVW>=<100>。由此判定试样中存在 {001}<100> 织构。

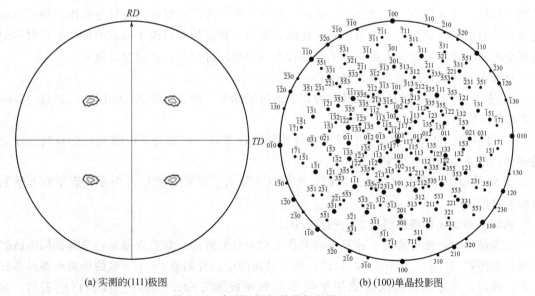

(a) 实测的(111)极图　　　　　　(b) (100)单晶投影图

图 2-14　实测极图与单晶投影图的对比

有几张标准投影图能满足上述要求，就有几种相应的织构组分。从极密度等高线的分布情况可以定性地判别各织构组分的强弱和织构离散度的大小。为了核实极图分析的确切性，对同一个试样可测绘几个不同 {HKL} 指数的极图，以便互相验证。例如，图 2-7 中的 3 张极图的分析结果是完全相同的。

（2）经验法

每一种织构在指定的极图上有其特征的表现，因此，对于常见晶体结构中常见的织构可以凭借织构特征来指认。例如，若在纯铁（体心立方）｛100｝极图上特定的位置上出现高极密度，则图 2-15 中的 3 种织构可以确认。

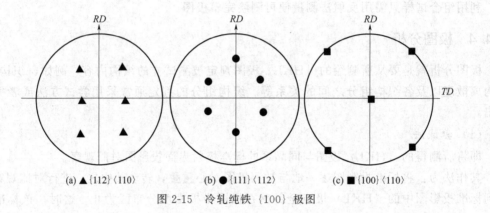

(a) ▲ ｛112｝〈110〉   (b) ● ｛111｝〈112〉   (c) ■ ｛100｝〈110〉

图 2-15　冷轧纯铁 ｛100｝ 极图

2.5　反极图

2.5.1　反极图的生成

反极图也是一种极射赤面投影表示方法。与极图的差别在于，极图是各晶粒中 ｛HKL｝晶面在试样外观坐标系（轧面法向、轧向、横向）中所作的极射赤面投影分布图。而反极图是各晶粒对应的外观方向（轧面法向、轧向或横向）在晶体学取向坐标系中所作的极射赤面投影分布图。由于两者的投影坐标系与被投影的对象刚好相反，故称为反极图。

反极图的生成通过以下步骤完成。

① 建立一个以晶体的低指数晶向为 3 个轴的坐标系。例如，建立 [001]、[010]、[100] 为晶轴的坐标系；

② 将多晶体材料中各晶粒平行于材料特征外观方向（例如拉丝的轴向）的晶向在建立的晶体坐标系空间中标出来；

③ 将晶体坐标系作极射赤面投影；按照每个取向上晶粒数量的多少在投影平面上绘制出取向密度。

此即为多晶体材料的特征方向的反极图。

因为晶体中存在对称性，故某些取向在结构上是等效的。对立方晶系，晶体的标准极射赤面投影图被 ｛100｝、｛110｝ 和 ｛111｝ 三个晶面族极点分割成 24 个等效的极射赤面投影三角形，所以，立方晶系的反极图用单位极射赤面投影三角形[001][011][111]表示，如图 2-16(a) 所示。六方晶系和斜方晶系的反极图坐标系和投影三角形的选取方法分别如图 2-16(b) 和 (c) 所示。

图 2-17 绘出的是高强度深冲含磷薄钢板退火后的反极图。低碳深冲薄钢板的织构与深冲性有密切关系，｛111｝＜110＞和｛111｝＜112＞织构越强，｛100｝＜011＞织构越弱，深冲性越好。

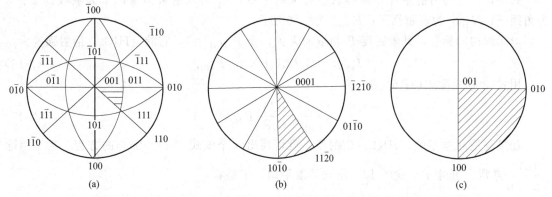

图 2-16　立方系（a）、六方系（b）、斜方系（c）的极射赤面投影三角形

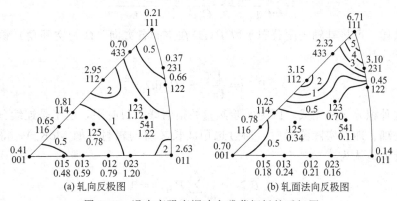

图 2-17　退火高强度深冲含磷薄钢板的反极图

2.5.2　反极图的测绘方法

使用织构测角仪和垂直材料特征外观方向的平板试样，扫测一组 hkl 完整极图或不完整极图。用球谐函数级数展开法求得展开级数的系数，进而算出各方向位置的轴密度值，可以精确定量地绘出反极图。这可能是目前比较通用的方法。但是，如果没有织构仪，用普通衍射仪也可以直接测量出反极图。

这里介绍一种简单易行的测绘反极图方法。这种方法最早由哈利斯（G. B. Harris）提出，故称哈利斯方法。哈利斯方法不需要任何专用的附加硬件，在常规衍射仪上即可实现衍射测量。采用平板试样，以试样表面法向为参考方向，用常规扫描方式测量各种 {HKL} 衍射强度，对于每条衍射线，有织构和无织构的衍射强度是不同的。这种强度差别，反映了与试样表面平行的反射面数量的不同。因此，可以通过测量不同 {HKL} 晶面的衍射强度来判定试样表面法向的取向分布情况。

在哈利斯方法提出之后，又有人对这种方法进行了修正和改进。下面介绍经缪勒（M. H. Mueller）修正的哈里斯方法。

根据多晶体衍射强度理论，织构试样 {HKL} 的衍射强度 I_{HKL}，与该晶面法向上试样的轴密度参量 P_{HKL} 成正比，于是有：

$$I_{HKL} = CI_0 ALN_{HKL} P_{HKL} F_{HKL}^2 \qquad (2\text{-}15)$$

式中，C 为与衍射条件和试样状态有关的系数；I_0 为入射束强度；A 为吸收因子；L 为角因子；N_{HKL} 为多重因子；F_{HKL} 为结构因子。

对无织构的标样，其轴密度 P 与取向无关，令 $P_{sHKL}=1$，它的 $\{HKL\}$ 衍射强度为

$$I_{sHKL}=C_s I_0 A_s L N_{HKL} F_{HKL}^2 \tag{2-16}$$

用式(2-16) 除式(2-15) 得

$$\frac{I_{HKL}}{I_{sHKL}}=\frac{CA}{C_s A_s}P_{HKL} \tag{2-17}$$

如果测量 n 条不同 $\{HKL\}$ 衍射线，就可写出 n 个像式(2-17) 那样的方程。为了消除 $\dfrac{CA}{C_{标}A_{标}}$ 系数，可对 n 个式(2-17) 求和并取平均，于是有

$$\frac{1}{n}\sum_1^n \frac{I_{HKL}}{I_{sHKL}}=\frac{CA}{C_s A_s}\times \frac{\sum\limits_1^n P_{HKL}}{n} \tag{2-18}$$

对织构试样，可将其轴密度分布函数 $P(\Omega)$ 在空间各方向（Ω 为空间角）积分取平均归一化为 1，即

$$<P>=\frac{1}{4\pi}\int_\Omega P(\Omega)\mathrm{d}\Omega=1 \tag{2-19}$$

实际上这种积分无法完成，因为实验测量的衍射线数目有限，也不是连续分布的，所以只能作近似处理。即在实际测量时，通过选用波长较短的辐射（如 MoK_α），得到尽可能多的衍射线，近似地认为：

$$<P>=\frac{1}{n}\sum_1^n P_{HKL}=1 \tag{2-20}$$

将式(2-20) 和式(2-18) 代入式(2-17)，得

$$P_{HKL}=\frac{\dfrac{I_{HKL}}{I_{sHKL}}}{\dfrac{1}{n}\sum\limits_1^n \dfrac{I_{HKL}}{I_{sHKL}}} \tag{2-21}$$

对式(2-21)，只有当 $\{HKL\}$ 反射面空间取向均匀分布时才适用，否则会产生较大的误差。而实际上是得不到这种均匀分布的。对此，莫里斯（P. R. Morris）和霍塔（R. M. S. B. Horta）分别提出了不同的校正方法。

霍塔提出，用 $\{HKL\}$ 反射面多重因子 N_{HKL} 加权的方法来校正反射面极密度分布不均匀性的影响。将式（2-21）的相对强度平均值 $\dfrac{1}{n}\sum\limits_1^n \dfrac{I_{HKL}}{I_{sHKL}}$ 用多重因子加权平均值 $\sum\limits_1^n N_{HKL}\dfrac{\dfrac{I_{HKL}}{I_{sHKL}}}{\sum\limits_1^n N_{HKL}}$ 取代，于是有

$$P_{HKL}=\sum_1^n N_{HKL}\frac{\dfrac{I_{HKL}}{I_{sHKL}}}{\sum\limits_1^n \left(N_{HKL}\dfrac{I_{HKL}}{I_{sHKL}}\right)} \tag{2-22}$$

莫里斯提出，用投影球面积加权的方法来校正反射面极点分布不均匀性的影响。其具体做法是，根据各〔HKL〕反射面极点所处的位置和数目 n，将极射赤面投影三角形分割成 n 个多边形区块。这些区块的划分方法是，在吴氏网的帮助下，于每对最近邻极点的中间位置沿大圆弧画线，这些弧线相交成 n 个多边形区块，如图 2-18 所示。每个区块中的〔HKL〕轴密度代表其所在的区块。用区块面积的相对值 A_{HKL}^{P} 来校正反射面极点分布的不均匀性。

$$A_{HKL}^{P} = \frac{S_{HKL}^{P}}{S_T} \tag{2-23}$$

式中，S_{HKL}^{P} 为〔HKL〕反射面极点的多边形区块面积；S_T 为极射赤面投影三角形的面积。

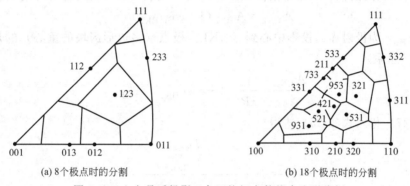

(a) 8个极点时的分割　　　　　　　(b) 18个极点时的分割

图 2-18　立方晶系投影三角区按极点数的多边形分割

按照莫里斯的设想，n 个极点便将投影极图分成 n 个多边形，每个多边形面积分数为 A_i，其划分办法是在邻近两极点的中间，借助吴氏网沿大圆弧画线而组成多边形。所用辐射波长越短、极点数越多，则分割的多边形数越多。如对立方晶系的投影三角区，霍塔按莫里斯的设想，在有 8 个极点时所作的分割如图 2-18(a)，其中各极点所分占的面积分数 S_T 列于表 2-1，若极点增至 18 个，所作分割改变如图 2-18(b)，各极点所分占的面积分数亦有改变。

表 2-1　立方晶系 8 个极点在投影三角区所占的面积分数

HKL	011	001(200)	112	013	111(222)	123	012(420)	233
A	0.084	0.052	0.136	0.191	0.029	0.257	0.132	0.119

经过校正的轴密度参量为

$$P_{HKL} = \frac{\dfrac{I_{HKL}}{I_{sHKL}}}{\sum\limits_{1}^{n}\left(A_{HKL}^{P}\dfrac{I_{HKL}}{I_{sHKL}}\right)} \tag{2-24}$$

拉涅尔（Д. И. Лайнер）指出，在莫里斯的校正中，用极射赤面投影三角形中多边形区块面积的相对值取代投影球面上区块面积的相对值，没有考虑到极射赤面投影网分度不均匀性的影响，他提出了进一步的校正方法，即在利用投影球面积加权的同时还考虑极射赤面投影网分度不均匀性的影响。如果将式(2-24)中的加权系数用投影球面上区块面积的相对值表示，则有

$$P_{HKL} = \frac{\dfrac{I_{HKL}}{I_{sHKL}}}{\displaystyle\sum_1^n \left(\dfrac{A_{HKL}^P}{S_A} \times \dfrac{I_{HKL}}{I_{sHKL}} \right)} \tag{2-25}$$

式中，$S_A = \dfrac{4\pi R^2}{N}$ 为每个极射赤面投影三角形对应的投影球上的面积；R 为投影球半径；N 为投影球面上标准投影三角区的数目（对立方系 $N=48$）；A_{HKL}^P 为 {HKL} 极点区块在极射赤面的投影。

A_{HKL}^S 不能直接测量，但它的极射赤面投影 A_{HKL}^P 却很容易测量，A_{HKL}^S 为投影球面上 {HKL} 极点区块的面积。利用极射赤面投影的几何关系可以求出两者的对应关系

$$A_{HKL}^S = A_{HKL}^P (1 + \cos\rho_{HKL})^2 \tag{2-26}$$

式中，ρ_{HKL} 为极射赤面投影中心到 {HKL} 极点（多边形区块的重心）的角距离。于是有（对立方晶系）

$$\frac{A_{HKL}^S}{S_A} = \frac{12}{\pi R^2} (1 + \cos\rho_{HKL})^2 A_{HKL}^P \tag{2-27}$$

将式（2-27）代入式（2-25）式得

$$P_{HKL} = \frac{\dfrac{I_{HKL}}{I_{sHKL}}}{\displaystyle\sum_1^n \left(\dfrac{12}{\pi R^2} (1 + \cos\rho_{HKL})^2 A_{HKL}^P \dfrac{I_{HKL}}{I_{sHKL}} \right)} \tag{2-28}$$

上述的式（2-21），式（2-22），式（2-24）和式（2-28）都可以用来计算轴密度参量。其中，利用式（2-21）和式（2-22）比较简单，只需要在衍射仪上测得试样和标样各 {HKL} 衍射峰的积分强度 I_{HKL} 和 I_{sHKL} 便可计算出轴密度参量，但用这两个公式计算的结果误差较大。而利用式（2-24）和式（2-28）时，除了测量各 {HKL} 衍射峰的积分强度外，还要将极射赤面投影三角形分割成若干个多边形区块，并测量各区块的面积。

虽然利用这两个公式测量和计算较前两者麻烦，但其误差较小。在上述四个计算轴密度参量 P_{HKL} 的公式中，以式（2-28）的误差最小。至于划分极射赤面投影三角形中的多边形区块和测量各区块面积的问题，对同类结构（如面心立方或体心立方）的试样只要作一次划分和测量，以后再测定同类结构的试样时便可重复使用，这时的测算问题就简单了。因此，当利用 Harris 法测绘反极图时，最好要用式（2-28）计算轴密度参量 P_{HKL}。

在轴密度参量测算出之后，可在各相邻极点间根据两相邻极点的轴密度参量设置若干个过渡值。在此基础上绘出轴密度等高线，即绘成了如图 2-17 所示的反极图。

2.5.3 反极图的分析方法

用反极图描述织构比较直观，容易作定量处理，便于与材料的物理和力学性能联系，测绘方法也比较简单。用一张反极图就能定量地表示出丝织构的内容，因此反极图对研究丝织构是一种很好的方法。但是，在一张反极图上不能同时反映出板织构轧面和轧向的取向。因此，当用反极图表示板织构内容时，必须分别测绘轧向，轧面法向和横向三个反极图，如图 2-17 所示，然后再综合分析 2 个反极图，判定各种织构组分。

反极图能给出各取向极点的轴密度的定量数值，用于确定丝轴十分简便，在以垂直轴平

面作投影面的轴向反极图中，轴密度值最大的极点相应的晶轴即为丝织构轴。用反极图判定板织构时，轧向反极图中轴密度最大的那些晶向<UVW>即可能为板织构的平行于轧向的晶向，而轧面法向反极图中那些轴密度最大的极点相应的晶面 {HKL} 即可能是板织构的平行于轧板平面的晶面，然后考虑它们间的排列组合，且需符合晶带定律 HU+KV+LW=0，最后用尝试法确定一个或几个板织构(HKL)[UVW]。

从图 2-17(b) 可以看出，{111} 取向的极密度最高，与之相应的从图 (a) 可以看出，<110>和<112>轴密度最高，因此，具有{111}<110>和{111}<112>织构；而图 (b) 中的 {100} 取向轴密度极低，因此 {100} <011>织构很弱，具有较好的深冲性能。

值得注意的是，根据分立的反极图确定板织构，有时亦可能误判或漏判。

2.6　取向分布函数

极图和反极图都是将三维空间晶体取向分布通过极射赤面投影的方法在二维平面上的投影，但它不可能包含晶体取向分布的全部信息，因此，极图和反极图都存在一定的缺陷。1965 年 H. J. Bunge 和 R. J. Roe 同时提出用三维取向分布函数（简称 ODF）来表示织构内容的方法。取向分布函数可将各晶粒的轧面法向、轧向和横向三位一体地在三维晶体学取向空间表示出来，从而克服了极图和反极图存在的缺点，它能完整、确切和定量地表示织构内容。

2.6.1　取向分布函数的计算

（1）晶体取向坐标

Bunge 系统和 Roe 系统的晶体取向坐标不同，下面以 Bunge 系统为例，说明晶体取向坐标和取向分布函数的计算方法。

在图 2-19 中所示的 Bunge 系统中，试样外观取向的直角坐标系用 $OXYZ$ 表示，其中 $OX=RD$，$OY=TD$，$OZ=ND$。晶粒空间取向的直角坐标系用 $OX'Y'Z'$ 表示，其中 $X'=[100]$，$OY'=[010]$，$OZ'=[001]$，表达两个坐标系对应关系的尤拉角（$\varphi_1, \phi, \varphi_2$）定义如下。

① 两个坐标系重合作为初始位置，此时尤拉角 φ_1、ϕ、φ_2 都等于零，即：$RD=[100]$，$TD=[010]$，$ND=[001]$ [图 2-19(a)]；

② 晶粒取向坐标系 $OX'Y'Z'$ 绕 $OZ'=[001]$ 转动 φ_1 [图 2-19(b)]；

③ 绕 $OX'=[100]$ 转动 ϕ [图 2-19(c)]；

④ 再绕 $OZ'=[001]$ 转动 φ_2 [图 2-19(d)]。

此时，转动角（$\varphi_1, \phi, \varphi_2$）即为该晶粒的取向。

（2）取向分布函数

一个晶体取向的自由度为 3，可通过确定 3 个互相独立的转动角度来确定晶体的取向。因此，需要建立一种 3 个自变量的函数 $f(g)=f(\varphi_1, \phi, \varphi_2)$，即取向分布函数，用以表达不同空间取向 $g=(\varphi_1, \phi, \varphi_2)$ 上的取向分布密度。这里定义取向完全随机分布时的取向密度 $f(g)=f(\varphi_1, \phi, \varphi_2)$ 为 1。

可将取向分布函数以级数的形式展开成广义球函数的线性组合。形式如下：

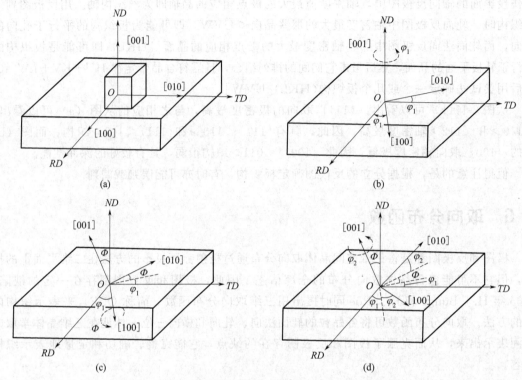

图 2-19　样品坐标系和晶体坐标系各轴相互间的位置关系

$$f(g) = f(\varphi_1, \phi, \varphi_2) = \sum_{l=0}^{\infty} \sum_{m=-l}^{l} \sum_{n=-l}^{l} C_l^{mn} T_l^{mn}(\varphi_1, \phi, \varphi_2) \tag{2-29}$$

式中，C_l^{mn} 是三维线性展开系数，它们是一组常数；$T_l^{mn}(\varphi_1, \phi, \varphi_2)$ 即是广义球函数，它的定义是：

$$T_l^{mn}(\varphi_1, \phi, \varphi_2) = \mathrm{e}^{im\varphi_2} P_l^{mn}(\cos\phi) \mathrm{e}^{in\varphi_1} \tag{2-30}$$

式中，$P_l^{mn}(\cos\phi) = P_l^{mn}(x)$，是广义连带勒让德函数，它的定义是：

$$P_l^{mn}(\cos\phi) = P_l^{mn}(x) = \frac{(-1)^{l-n} i^{n-m}}{2^l (l-m)!} \sqrt{\frac{(l-m)!}{(l+m)!} \frac{(l+n)!}{(l-nm)!}} (1-x)^{-\frac{n-m}{2}}$$

$$(1+x)^{-\frac{n+m}{2}} \frac{\mathrm{d}^{l-n}}{\mathrm{d}x^{l-n}} \left[(1-x)^{l-m} (1+x)^{l+m} \right] \tag{2-31}$$

由式（2-30）和式（2-31）可知，广义球函数是一个完全已知的标准函数。给定（$\varphi_1, \phi, \varphi_2$）就可求出 $T_l^{mn}(\varphi_1, \phi, \varphi_2)$ 的值。取向分布函数 $f(\varphi_1, \phi, \varphi_2)$ 中全部的织构信息都储存在 C_l^{mn} 之中。

利用现代衍射技术可以直接测得多晶体材料的取向分布函数。例如，采用背散射电子技术可以逐点扫描检测多晶材料某一平面内各点的取向，然后直接计算出取向分布函数；也可以采用高能三维 X 射线衍射技术逐点扫描检测多晶材料某一个三维区域内各点的取向来计算取向分布函数。但是，目前最普遍的方法还是从极图计算取向分布函数。这种计算过程非常复杂，下面简单介绍其计算原理。

（3）极密度球函数

测量极密度分布并绘成极图是分析织构的基本方法。若将样品放在坐标系 $oxyz$ 的原点

o 上，其某一 {HKL} 极图上各点的极密度分布 $P_{HKL}(\alpha,\beta)$ 是在不同 α、β 角处测得的。这一极密度表达了多晶体内各晶粒的 {HKL} 晶面法线于 (α,β) 处的分布强弱。这里定义取向完全随机分布时的极密度分布 $P_{HKL}(\alpha,\beta)$ 为 1。极密度函数应当是调和函数，因此，它满足拉普拉斯方程。求解该拉普拉斯方程可得极密度分布函数 $P_{HKL}(\alpha,\beta)$ 为

$$P_{HKL}(\alpha,\beta)=\sum_{i=0}^{\infty}\sum_{n=-l}^{l}F_{l(HKL)}^{n}K_{l}^{n}(\alpha,\beta)\quad(0\leqslant\alpha\leqslant\pi,0\leqslant\beta\leqslant2\pi)\qquad(2\text{-}32)$$

式中，$K_{l}^{n}(\alpha,\beta)$ 称为球函数；$F_{l(HKL)}^{n}$ 是二维线性展开系数，它们是一组常数。球谐函数可表示为：

$$K_{l}^{n}(\alpha,\beta)=\sqrt{\frac{(l-n)!}{(l+n)!}\times\frac{2l+1}{4\pi}}P_{l}^{n}\cos\alpha\cdot e^{in\beta}\quad(n=-l,-l+1,\cdots,l;l=0,1,2,3,\cdots)$$

$$(2\text{-}33)$$

式中，$P_{l}^{n}\cos\alpha$ 是霍布森（Hobson）连带勒让德函数，令 $x=\cos\alpha$ 则有

$$P_{l}^{n}(x)=(-1)^{l}\frac{(l+n)!}{(l-n)!}\frac{(1-x^{2})^{-\frac{n}{2}}}{2^{l}l!}\times\frac{\mathrm{d}^{l-n}}{\mathrm{d}x^{l-n}}(1-x^{2})^{l}\qquad(2\text{-}34)$$

式 (2-34) 中，球函数 $K_{l}^{n}(\alpha,\beta)$，即式 (2-33) 中的 $P_{l}^{n}(\cos\alpha)$ 和 $e^{in\beta}$ 都是已知的标准函数，给定 α、β 的值即可求出 $P_{l}^{n}(\cos\alpha)$ 和 $e^{in\beta}$ 的值。显而易见，多晶样品的织构信息全部储存在展开数组 F_{lHKL}^{n} 中。

根据球函数的正交关系，可求得函数 $K_{l}^{n}(\alpha,\beta)$ 的共轭复数表达式 $K_{l}^{*n}(\alpha,\beta)$ 为：

$$K_{l}^{*n}(\alpha,\beta)=(-1)^{n}K_{l}^{-n}(\alpha,\beta)=\sqrt{\frac{(l-n)!}{(l+n)!}\times\frac{2l+1}{4\pi}}P_{l}^{n}\cos\alpha e^{in\beta}\qquad(2\text{-}35)$$

（4）取向分布函数的计算原理

取向分布函数的全部织构信息存于 C_{l}^{mn}，而多晶样品的织构信息同时也存于 F_{lHKL}^{n} 之中。只要建立起极密度分布函数的球函数展开系数与取向分布函数的广义球函数展开系数的关系，就可以借助测量样品的极图而获得取向分布函数。数学推导表明：

$$F_{lHKL}^{n}=\frac{4\pi}{2l+1}\sum_{m=-l}^{l}C_{l}^{mn}K_{l}^{*m}(\delta_{HKL},\omega_{HKL})\qquad(2\text{-}36)$$

由式 (2-35) 可知，$K_{l}^{*m}(\delta_{HKL},\omega_{HKL})$ 是已知的球函数，其中 $(\delta_{HKL},\omega_{HKL})$ 表示 [HKL] 晶向和在晶体坐标系内的方向。

通过实际测量多晶体的极图获得 $P_{HKL}(\alpha,\beta)$ 数据，再根据已知的球函数 $K_{l}^{n}(\alpha,\beta)$ 借助式 (2-32) 求出各 F_{lHKL}^{n} 值，然后利用式 (2-36) 求出 C_{l}^{mn}，最后把 C_{l}^{mn} 代入式 (2-29) 即可计算出所需要的取向分布函数。

对于每一个有确定 n 值的 F_{lHKL}^{n} 都有 $2l+1$ 个 C_{l}^{mn} 相对应，C_{l}^{mn} 系数中的 m 可取 $-l\sim l$。所以，若想求得 $2l+1$ 个 C_{l}^{mn} 系数须有 $2l+1$ 个不同的 HKL 值组成一个线性方程组求解。l 的取值可至无穷大，但实际把取向分布函数广义球函数展开时只能展开到有限的 l 值处。例如，对立方晶系常展开到 $l_{max}=22$ 处，此时级数断尾造成的偏差较小，可以忽略。这样就可以得到比较简洁的取向分布函数。若想求得取向分布函数 $l_{max}=22$ 的展开系数 C_{l}^{mn}，需要测量 $2l+1=45$ 个极密度分布 $P_{HKL}(\alpha,\beta)$。这个测量量很大，实际上不可能测得这么多极图数据。但是，由于晶体和样品总有一定的对称性，所以计算取向分布函数时所需要的

极密度分布可以大大减少。如立方晶系通常需要测量 3 个以上的极图，六方晶系则通常需要测量 4 个以上的极图。实际测量的极密度分布数据，难免存在一定的实验误差，因此实践中需要采用回归统计的方法计算出所需的取向分布函数。

2.6.2　取向分布函数的分析

（1）ODF 角度范围的选择

由于不同晶系的对称性不同，各个晶系的 $(\varphi_1, \phi, \varphi_2)$ 取值范围不同。

立方晶系：$0 \leqslant \varphi_1 \leqslant \pi/2$，$0 \leqslant \phi \leqslant \pi/2$，$0 \leqslant \varphi_2 \leqslant \pi/2$。

六方晶系：φ_2：$0 \sim \pi/3$。ϕ 和 φ_1：$0 \sim \pi/2$。

四方晶系：取向空间内的取值范围应为 $0 \sim \pi/2$。

（2）取向分析的内容与步骤

ODF 函数的位置说明了织构组分的种类。一组 $(\varphi_1, \phi, \varphi_2)$ 位置对应着一定的织构组分。从 $(\varphi_1, \phi, \varphi_2)$ 位置的强度级数可以计算出织构组分的强度，从织构强度的分布范围可以看出织构组分的弥散程度。另外，结合材料的制备工艺，可以反映出工艺与织构组分之间存在的对应关系。因此，一般来说，对 ODF 的分析包括以下几个方面的内容：

① 从对恒 φ_1 或恒 φ_2 的截面图上的取向密度区的 $(\varphi_1, \phi, \varphi_2)$ 值确定出各织构组分的 $(h\,k\,l)[u\,v\,w]$；

② 从各织构组分的 $(\varphi_1, \phi, \varphi_2)$ 定出轧面、轧向的晶向指数及漫散程度；

③ 从各织构组分之间的取向关系及组分的漫散程度找出组分之间的联系。

（3）织构组分的确定

在 Bunge 系中，用图解法分析 ODF 截面时，要按上述转动顺序分别转动 $(\varphi_1, \phi, \varphi_2)$ 来确定各 ODF 截面所对应的织构类型。对立方晶系的解析关系式为：

$$H : K : L = \sin\phi\cos\varphi_2 : \sin\phi\cos\varphi_2 : \cos\phi \tag{2-37}$$

$$U : V : W = (\cos\varphi_1\cos\varphi_2 - \sin\varphi_1\sin\varphi_2\cos\phi) : (-\cos\varphi_1\sin\varphi_2 - \sin\varphi_1\cos\varphi_2\cos\phi) : \sin\varphi_1\sin\phi \tag{2-38}$$

图 2-20 为冷轧铝箔恒 φ_2 的 ODF 截面。以 $\varphi_2 = 0$ 的 ODF 截面为例，其中央区取向密度最高点的尤拉角为 $\varphi_1 = 35°$，$\phi = 45°$，$\varphi_2 = 0°$，经图解法和解析法分析结果一致表明，其对应织构类型为 $(011)[211]$。

ODF 除了能直接描述被测材料中的晶粒取向分布外，还可以利用已测得的 ODF 计算出任一晶面的极图和任一选定的外观方向的反极图。这对获得某些不能直接测绘的极图和反极图有重要意义。另外，也可以通过从 ODF 反算出其原始极图和反极图来检验 ODF 的可靠性。

对 ODF 截面图的分析除采用式（2-37）和式（2-38）通过计算得出织构外，更多的时候可能采取经验法。例如，在立方晶系中，有一些十分重要的取向，见表 2-2

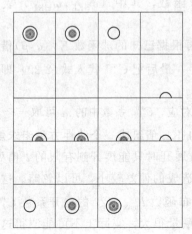

图 2-20　冷轧铝箔恒 φ_2 的 ODF 截面

和图 2-21。

表 2-2　立方晶系重要的取向

织构名称	φ_1	ϕ	φ_2	h	k	l	u	v	w
立方	0	0	0	0	0	1	1	0	0
旋转立方	45	0	0	0	0	1	1	1	0
高斯	0	45	0	0	1	1	1	0	0
黄铜	35	45	0	1	1	0	1	−1	2
	35	90	45	1	1	0	1	−1	1
	90	55	45	1	1	0	−1	−1	2
铜	90	35	45	1	1	2	1	1	−1
R	−47	37	27	1	2	3	4	1	−2
S	59	37	63	2	1	1	−3	−6	4
黄铜 R	79	31	33	2	3	6	3	8	5
	0	22	0	0	2	5	5	1	0
	74.2	45	90	1	0	1	−5	−2	5

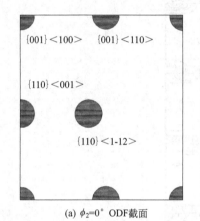

(a) ϕ_2=0° ODF截面　　　(b) ϕ_2=45° ODF截面　　　(c) ϕ_2=65° ODF截面

图 2-21　面心立方晶系的一些重要恒 φ_2 的 ODF 截面

由此可见，在分析立方晶系材料的织构时，ODF 恒 φ_2 截面图的 $\varphi_2 = 0°$、$\varphi_2 = 45°$、$\varphi_2 = 65°$三个截面图非常重要。

（4）织构组分体积分数的分析方法

多晶体取向倾向于散布在某一状态下的稳定取向附近，且在取向空间内这一散布基本上服从三维正态分布规律，见图 2-22。

把取向分布函数 $f(g)$ 分解成若干正态分布部分和一个随机分布部分。$f_r(g)$ 是除在 g_1 和 g_2 附近聚集的取向分布之外的随机取向分布密度。

$$f(g) = f_r(g) + \sum_{i=1}^{n} f_i(g) \tag{2-39}$$

$$V_j = \frac{1}{2\sqrt{\pi}} Z_j S_0^j \phi_j \left[1 - \exp - \frac{\phi_j^2}{4} \right] \tag{2-40}$$

式中，V_j 为任意织构组分 j 的体积分数；Z_j 为多重性因子；S_0^j 为正态分布织构组分中心的取向密度值；ϕ_j 为取向密度由中心的 S_0^j 降至 S_0^j/e 时偏离中心的角度。

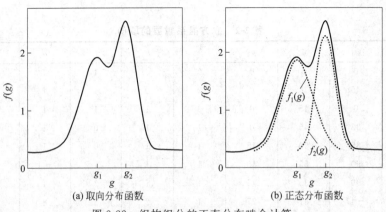

(a) 取向分布函数　　　　　　　(b) 正态分布函数

图 2-22　织构组分的正态分布啮合计算

从图 2-23 图中可以分析出，该材料中存在立方织构、旋转立方织构、高斯织构和黄铜织构，另外，还有少量的铜织构。从织构的分布情况来看，每种织构都有一定的宽度范围。

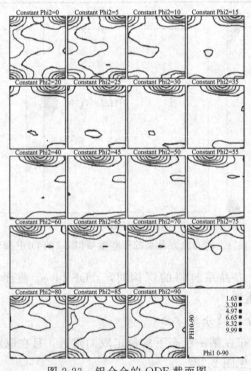

图 2-23　铝合金的 ODF 截面图

体积分数一般需要通过软件才能计算出来。经计算得到各种织构的体积分数见表 2-3。

表 2-3　铝合金的织构组分

织构组分	体积分数	最大密度	最大展宽
立方	39.17	11.21	11.39
高斯	9.43	5.26	18.61
黄铜	18.94	3.74	11.94
旋转立方	6.10	4.17	12.95

表中列出了各种组分的体积分数、最大密度和最大展宽。其中以立方织构的强度最大，而以高斯的弥散度最大。其他几种织构都相对较为集中。

（5）织构组分的取向线分析

每种晶系的材料在 $(\varphi_1, \phi, \varphi_2)$ 空间中都有一定的取向线分布。面心立方晶系的取向线如图 2-24 所示。

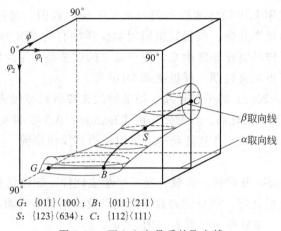

G: {011}⟨100⟩；B: {011}⟨211⟩
S: {123}⟨634⟩；C: {112}⟨111⟩

图 2-24　面心立方晶系的取向线

α 线上的重要取向有 G（戈斯）取向{011}<100>和 B（黄铜型）{011}<211>取向。β 取向线上的重要取向有 S 取向{123}<634>，C（铜型）取向{112}<111>及 B（黄铜型）{011}<211>取向。例如，某面心立方金属经不同稳定化处理后的织构变化情况如图 2-25 所示。

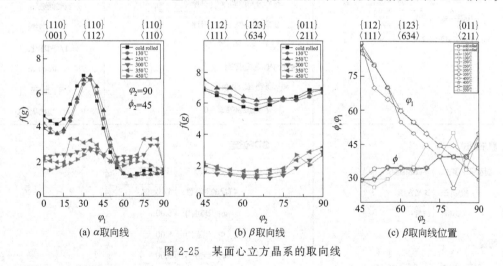

(a) α取向线　　　　　　(b) β取向线　　　　　　(c) β取向线位置

图 2-25　某面心立方晶系的取向线

2.7　织构测量的应用

织构分析一般通过织构分析软件来进行数据处理。各个仪器厂商都有自己的分析软件。下面以实例来介绍织构分析的应用。由于数据来源不同，在下面 3 个应用实例中，将分别采用 Rigaku SmartLab Studio Ⅱ、Labtext 3.0、Bruker TexEVA 三种不同的软件来处理数据，以学习不同类型的数据处理方法和其特点。

（1）铝合金织构分析

铝合金在轧制过程中产生轧制织构，然后在再结晶温度下转变为再结晶织构。织构的存在有时是有益的，例如，在制作靶材时希望形成单一织构，用于深冲的铝材则希望通过控制织构的种类来减小制耳。

这里是一种铝合金样品经过加工后的织构分析。数据采用理学 SmartLab 型 X 射线衍射仪测量。测量方法是先用无织构标准样品测量出无织构的极图，通过它们来校正仪器的散焦，然后再测量样品的极图数据。测量数据用理学仪器特有的 CBO 光路支持的点光源。由于透射法测量极图时，样品制作非常困难，现在通常的做法是，用反射法测量若干个不完整极图，通过软件来计算出完整极图、反极图和 ODF 图。

样品尺寸为 20mm×20mm 的平板样品，经电解抛光或者机械抛光再腐蚀后使用。测试前注意标记出轧向。数据保存在【Texture：Al】文件夹中。

采用理学 SmartLab Studio Ⅱ 软件处理。下面说明其操作步骤。

1）设置软件

打开 SmartLab Studio Ⅱ 软件。该软件是一个集成软件，除包括粉末衍射数据处理所有功能外，还包括织构数据处理、残余应力数据处理以及其他很多功能。这里打开 Texture 面板，打开 Options 项目，对软件进行设置（图 2-26）。

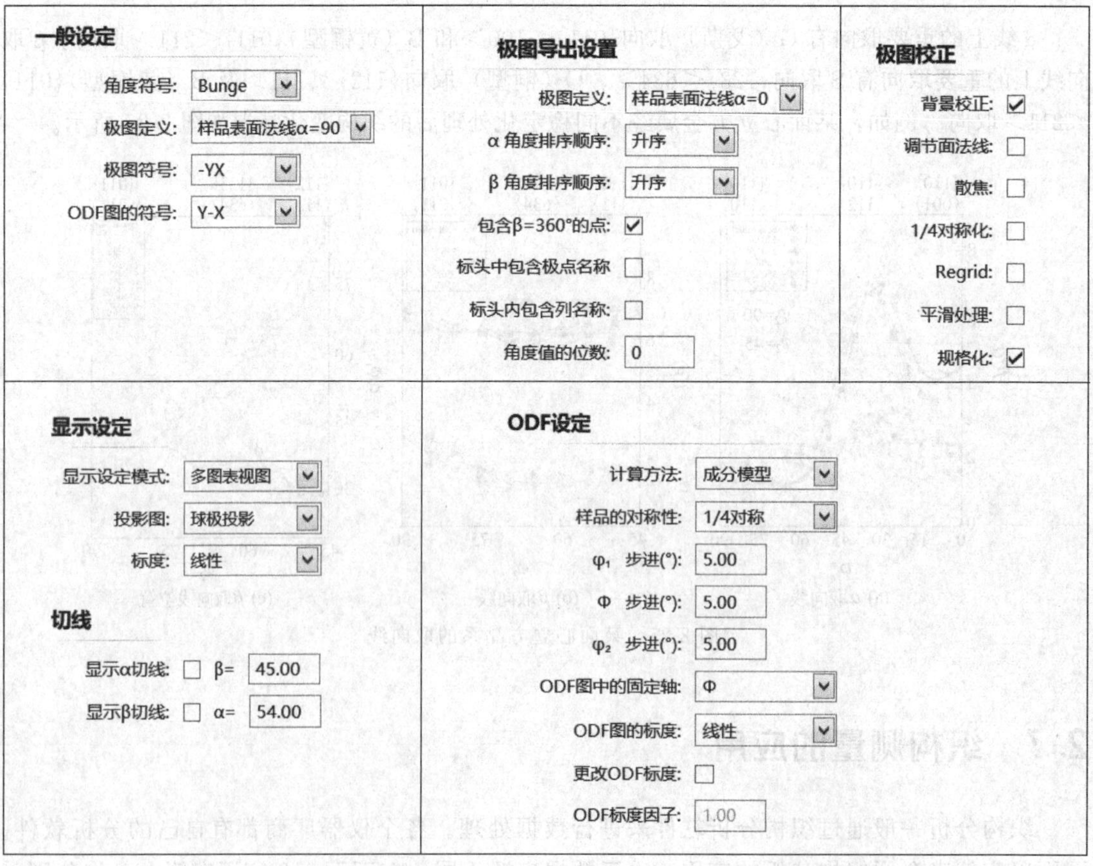

一般设定		
角度符号：	Bunge	
极图定义：	样品表面法线α=90	
极图符号：	-YX	
ODF图的符号：	Y-X	

极图导出设置	
极图定义：	样品表面法线α=0
α 角度排序顺序：	升序
β 角度排序顺序：	升序
包含β=360°的点：	☑
标头中包含极点名称：	☐
标头内包含列名称：	☐
角度值的位数：	0

极图校正	
背景校正：	☑
调节面法线：	☐
散焦：	☐
1/4对称化：	☐
Regrid：	☐
平滑处理：	☐
规格化：	☑

显示设定	
显示设定模式：	多图表视图
投影图：	球极投影
标度：	线性

切线		
显示α切线：	☐ β=	45.00
显示β切线：	☐ α=	54.00

ODF设定	
计算方法：	成分模型
样品的对称性：	1/4对称
φ₁ 步进(°)：	5.00
Φ 步进(°)：	5.00
φ₂ 步进(°)：	5.00
ODF图中的固定轴：	Φ
ODF图的标度：	线性
更改ODF标度：	☐
ODF标度因子：	1.00

图 2-26　Texture 参数设置

2）建立散焦校正文件

散焦校正的方法是测量一个完全无织构的样品，按照正常的处理后，保存成一个散焦数据文件。在后面进行织构分析时读入【Data：Texture \ Al】。

读入散焦测量数据，然后，选择样品种类为"Al"。并且输入 3 个极图名称分别为 111、200 和 220。

对照图 2-27 中的选项进行散焦校正，最后保存散焦校正文件。

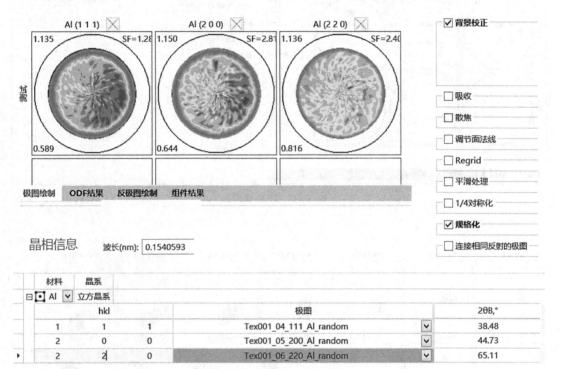

图 2-27　散焦校正

3）样品极图数据读入

读入测量数据，再读入上面保存的散焦校正文件。理学每一个极图数据文件为单个极图。即在测量极图时，多个极图是独立测量和保存的。

4）设置样品

软件提供一个材料数据库，在材料数据库中选择样品种类为"Al"。并且输入 3 个极图名称分别为 111、200 和 220。单击"估算衍射角"按钮来估算衍射峰顶位置。

5）散焦校正

利用散焦文件对样品进行散焦校正。

6）计算 ODF

在图 2-28 中选择"WIMV 模型"，按下"计算 ODF"按钮，得到不完整计算极图和差值图。在此应当检查差值图，如果差值较大，应当考虑重新计算。

在此可以调整显示属性，如用填充方式或者等高线以及配色方案。

7）显示 ODF

选择 ODF 结果页，显示 ODF 截面图（图 2-29）。这里可以调整显示风格和截面种类。

从图 2-29 中的 $\varphi_2 = 0°$ 截面可以分析出黄铜织构，从 $\varphi_2 = 45°$ 截面可以分析出铜织构，

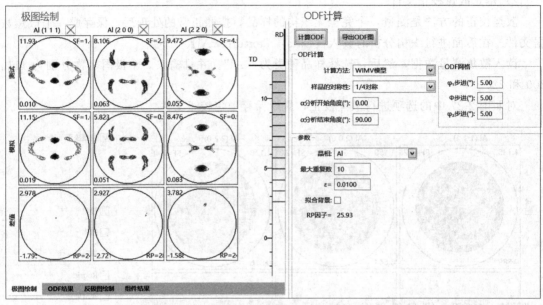

图 2-28　计算极图

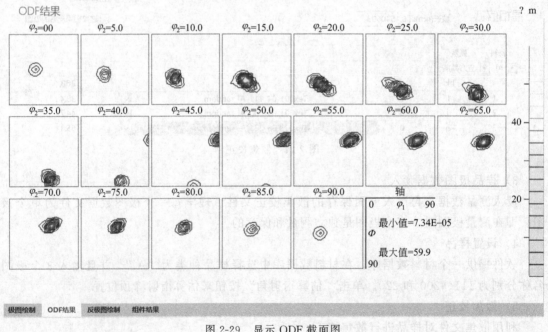

图 2-29　显示 ODF 截面图

而从 $\varphi_2 = 65°$ 的截面可分析出样品有 S 织构。

8）计算反极图

单击"反极图模拟"，计算出反极图，调整显示模式。可同时显示轧向、轧面法向和横向 3 个方向的反极图。反极图可以与极图一起相互印证计算结果。

9）计算体积分数

选择计算方法为"成分模型"，根据 ODF 截面图显示（图 2-31），加入黄铜、纯铜和 S

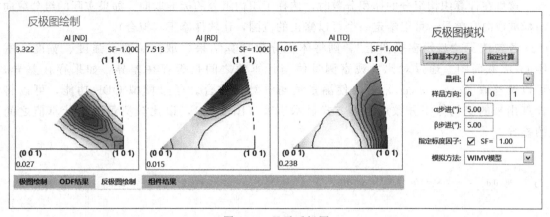

图 2-30 显示反极图

织构组分。固定住 $(\varphi_1, \phi, \varphi_2)$ 值不改变，只修正体积分数和半高宽，按下"计算 ODF"按钮，得到 3 种织构组分的体积分数，见图 2-31。

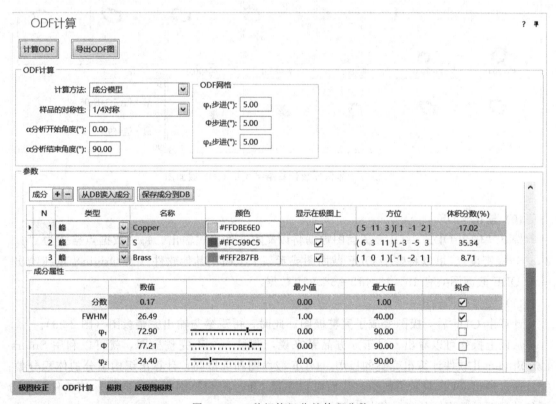

图 2-31 三种织构组分的体积分数

其中 S 织构的体积分数为 35.34%，黄铜织构的体积分数为 8.71%，铜织构的体积分数为 17.02%。剩余部分为随机取向组分。将体积分数与 ODF 截面图中两种织构组分进行比较，可以认为，得到了满意的结果。

软件提供了一个常见织构组分的数据库，可以在软件的使用期间随时将新发现的织构组分添加到数据库。

　　这里在计算织构组分的体积分数时，选择了织构组分的标准取向。如果实际的组分取向与标准取向有差异，可以给定一个可以修正的范围，让软件修正（拟合）。

　　若勾选了"显示在极图上"，则将体积分数计算结果（取向位置、强度、宽度）重绘 ODF 截面图。通过对比，观察测量值与计算值之间是否存在差异，如果存在差异，可以调整取向（$\varphi_1, \phi, \varphi_2$）值，使测量值与计算值重合。通过模拟 ODF 功能，可以将计算出来的织构体积分数用图形方式显示出来（图 2-32），以比较测量值与计算值之间的差异。

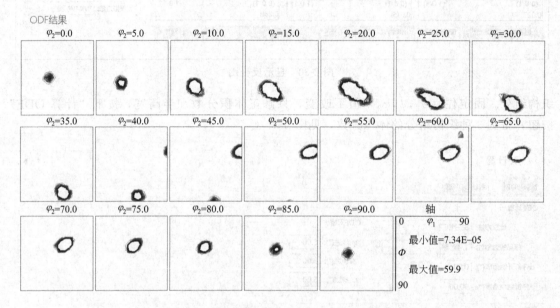

图 2-32　体积分数计算结果模拟 ODF 截面图

　　10）输出 ODF

　　按下"输出 ODF"，ODF 截面图数据将以文本文件格式输出。每个数据点格式为"φ_1, ϕ, φ_2, 极密度"。可以将整个 ODF 截面图或者某个截面用其他软件（如 Origin）重新绘出。一个 ODF 截面图共有 19×19×19＝6859 个数据。

　　11）完整极图输出

　　计算出 ODF 后，极图变成了完整极图。此时，可观察与输出完整极图（图 2-33）。

　　从以上操作可以看出，对于立方晶系来说，测量 3 个不完整极图，就可以利用 SmartLab Studio Ⅱ 软件计算出完整的极图、ODF 截面图和反极图；计算出织构组分的体积分数；并且通过输出 ODF 截面图数据，从而可以重绘 ODF 图和绘制各种取向线。该软件可以分析各种晶系的数据，软件的织构分析功能完善。

　　SmartLab Studio Ⅱ 软件的织构分析功能是完善的，具有织构分析的全部功能。

　　（2）奥氏体钢的织构分析

　　奥氏体钢，也是一种面心立方结构。下面通过一个奥氏体钢的织构分析来说明数据处理步骤和分析方法。

　　1）极图测量

　　奥氏体钢为面心立方结构。对于立方晶体材料，通常可测量 3～4 张极图来实现取向分

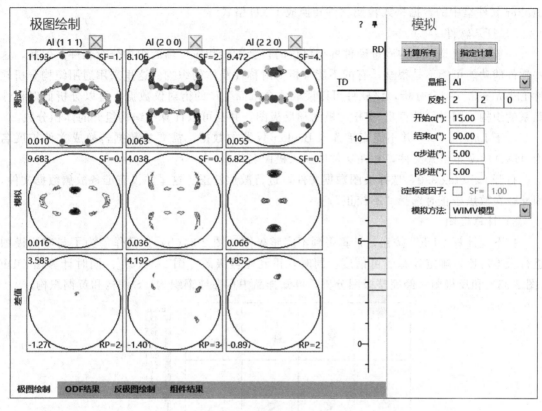

图 2-33 模拟输出完整极图

布函数的计算。面心立方测量 111、200、220、311 极图。

由于透射法测量极图时，样品制备非常困难，因此，通常只用反射法测量若干张不完整极图见图 2-34(a)。

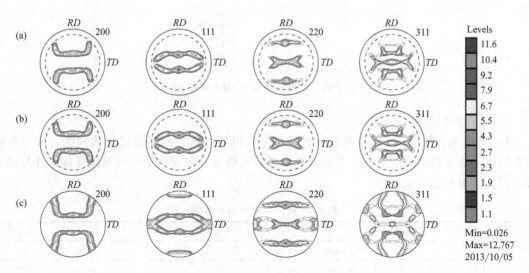

图 2-34 某奥氏体钢的极图

这里的数据用 Bruker D8 Discover 型 X 射线衍射仪测量，铜辐射。数据文件采用
Bruker 软件集中的数据格式转换软件转换成 UXD 格式。

2）打开软件

一般在购置具有织构测量硬件的衍射仪时，会配置相应厂商的织构分析软件。但是，这
些软件的功能可能不是很全，有的不能分析低对称性晶体的织构。这里采用通用织构分析软
件 Labotex 3.0 拟合分析，该软件可以读取多个厂商生产的衍射仪数据，可以分析低对称性
晶系的织构，同时可计算出 ODF、极图和反极图，并且可以计算出织构组分的体积分数。

由于 Labotex 3.0 并不能直接读入 Bruker 仪器的数据，需要将数据转换成文件扩展名
为.UXD 的文本格式文件，并在文件中加入极图名称。

打开 Labotex 3.0，选择极图数据文件，进行散焦校正。这里并没有准备散焦数据文件，
因此，在散焦校正时选择"不校正"。

3）计算极图

按下"计算 ODF"按钮，计算得到不完整极图［图 2-34(b)］，其作用为了与实测极图
进行误差对比，确定计算的可信度。同时，得到完整极图［图 2-34(c)］。同时计算出 ODF
（图 2-35）和反极图。经完整极图分析，可知样品中存在纯铜织构、S 织构和黄铜织构。

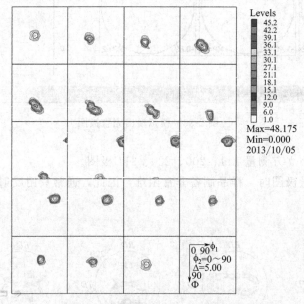

图 2-35　某奥氏体钢的 ODF 截面图

4）计算体积分数

Labotex 3.0 可以在 ODF 截面图上自动寻找极密度最大点以确定织构种类，建立可能
存在的织构组分数据库。然后，在数据库中选择可能存在的织构组分种类进行体积分数的计
算，得到结果如表 2-4 所示。

表 2-4　奥氏体钢的织构组分

织构组分		体积分数%	$\Delta\varphi_1$	$\Delta\phi$	$\Delta\varphi_2$
｛1 1 2｝＜1　　1　−1＞	copper	21.05	10	10	10
｛1 1 0｝＜1　−1　2＞	brass	11.97	10	10	10
｛1 3 2｝＜6　−4　3＞	S-1	24.29	10	10	10

每种织构组分都有 4 个参数：取向（织构组分）、强度、漫散程度（$\Delta\varphi_1$、$\Delta\phi$、$\Delta\varphi_2$）和体积分数。

取向（φ_1,ϕ,φ_2）值：一般来说，实际样品中的织构取向可能与标准取向存在偏差，Labotex 3.0 的解决办法是让软件自动在 ODF 截面上自动搜索强度最大值点，这样，可以将搜索到的强度最大值点作为新的取样。

强度：某取向位置的织构强度峰值，它表明织构的强弱。

漫散程度：每种织构组分的（φ_1,ϕ,φ_2）为该织构的标准取向，实际晶粒或多或少会偏离标准取向。因此，必须根据实际情况来定义 φ_1、ϕ、φ_2 的取值范围。Labotex 默认范围为 10°，需要根据拟合情况手动调整。

体积分数：处于某种（φ_1,ϕ,φ_2）标准取向周围 $\Delta\varphi_1$、$\Delta\phi$、$\Delta\varphi_2$ 范围内的晶粒数量。

因此，强度、漫散程度和体积分数之间存在相互关联的关系。例如，尽管某种取向的强度很高，但漫散程度不大，具有该取向的晶粒都具有标准取向时，可能体积分数并不大，反之，虽然强度并不高，但取向的取值范围大时，体积分数会较大。

该软件的特点是操作简单，可以计算低对称性晶系的织构，而且可以读取各种仪器的数据（有些需要数据格式转换）。

（3）铜合金织构分析

某铜合金经过加工后，需要测量其织构类型。

数据采用布鲁克 D8 Discover 型 X 射线衍射仪，点焦斑，准直管直径 1mm，不滤波。铜合金为面心立方晶型，测量其 111、200、220 共 3 个不完整极图。$\alpha=0°\sim75°$，$\beta=0°\sim360°$，步长 5°。数据采用 Bruker TextEva 软件处理。

① 打开 Bruker TextEva，新建一个文件（图 2-36）。

② 读入测试数据。自动显示第一个不完整极图（111）【Texture：Bruker】。

③ 选择 Windows 菜单，增加显示另外两个不完整极图（200）和（220）。

④ 选择 ODF 菜单，建立 ODF。自动显示第一个计算极图（111）。

⑤ 增加显示另外两个完整极图。

⑥ 调整显示极数（一般选择 6 级）。

⑦ 选择 ODF 菜单，显示第 1 个 ODF 截面图。

⑧ 调整显示级数（默认 6 级，可选择 6～14）。

⑨ 显示全部截面图。

⑩ 输出结果为 PDF 文档。

⑪ 保存 CLM 文件。

Bruker TextureEVA
软件的操作方法

图 2-36 显示了 Bruker Texture 软件的操作界面。第一行显示了 3 个实测极图，第二行是计算出来的完整极图。第三行显示了 ODF 截面图和数据处理参数窗口。

该软件可以给出高对称性晶体的不完整极图、完整极图和 ODF 图。虽然可以计算出体积分数和反极图，但结果往往不理想。下面采用另一个软件 TextCalc 来接着处理。

TextCalc 软件由中南大学唐建国教授编写，它能利用 TextEVA 软件保存的 ODF 的 C 系数（CLM）来计算织构组分的体积分数。但是，目前只能计算立方晶系的体积分数。

Texture Calc
软件的操作

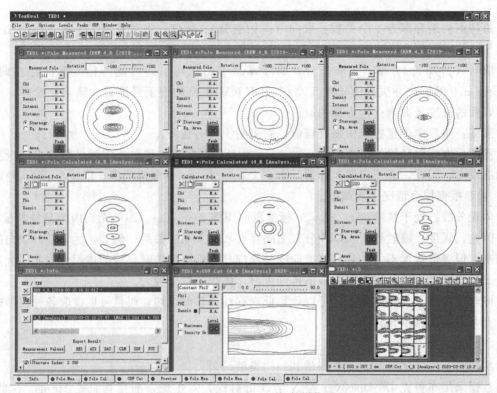

图 2-36 Bruker Texture 软件操作界面

软件菜单包括导入 C 系数、清除 C 系数、织构组分极图标注、生成结果报告和返回主程序 5 个子项，各自功能如下。

"导入 C 系数"：用于 ODF 将级数展开系数（C 系数）导入到当前项目中，用于进行体积分数计算，目前支持的数据格式主要有 Bruker 的 Clm 文件、德国 Aachen 的 ckd 文件等；

"清除 C 系数"：用于将当前样品数据中的 ODF 展开系数完全清除；

"织构组分的极图标注"：主要是用于将计算结果织构组分在极图中表示出来；

"生成结果报告"：用于将当前计算结果生成一报告，用于计算结果输出和与其他软件进行数据交流；

读入 C 系数后，软件试算预存在织构组分数据库中的每种织构，计算出各种可能的织构组分体积分数见表 2-5。

表 2-5 铜合金板材的织构组分

PHI1	PHI	PHI2	Fwth	Volume/%	F(G)	Nearest	deviation
29.21	45.00	0.00	10.73	18.07	7.36	Brass	5.79
0.00	45.00	0.00	11.05	8.43	6.45	Goss	0.00
50.82	45.00	0.00	12.72	13.50	4.41	Brass	15.82
15.55	45.00	0.00	9.70	8.85	6.62	Goss	15.55
78.82	32.77	49.05	8.41	8.21	2.82	Cu	8.44
0.00	0.00	0.00	10.37	3.19	2.17	Cube	0.00

注：此处保留软件中给出的原貌。

表格前三列为织构组分的欧拉角（$\varphi_1, \phi, \varphi_2$），第四列 Fwth 是指拟合该织构组分的 Gauss 函数宽度，第五列为体积分数（百分数），第六列是指（$\varphi_1, \phi, \varphi_2$）处的取向密度，第七列是指在织构数据库中与当前织构组分取相差最小的织构及其与当前织构组分的取相差。

从表 2-5 中数据可以看出，所测样品主要是高斯织构、黄铜织构和纯铜织构。另外，还有少量的立方织构。应当注意的是，该软件可能将同一种织构分成几种不同取向和不同漫散程度的类型。如将高斯分成了正常取向角位置和偏离正常取向角 15.55° 两种。两种高斯织构的漫散程度（Fwth）也不一样，织构强度[F(G)]也有差异。

以上通过 3 个实例介绍了织构的分析过程和 3 种软件的使用方法。因为织构测量可能只是少数材料类专业的科研工作者需要，因此，软件应用并不普及。也有一些免费的软件可以共享，如 ATEX 就是一款比较好用的免费的处理软件。

2.8 讨论与实践

练习 2-1 讨论：试述极图与反极图的区别。

练习 2-2 讨论：简述常见的织构类型及其特点。丝织构的极图有何特点？

练习 2-3 讨论：织构一般如何表达？不同表达形式之间关系如何？

练习 2-4 讨论：什么是织构？织构按取向分类是什么？

练习 2-5 训练：分析下面极图中的织构类型，并绘制出 $\varphi_2 = 0$ 时的 ODF 截面图。

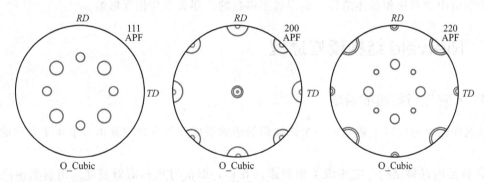

练习 2-6 训练：分析下面两个图中的织构类型。

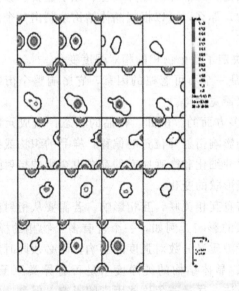
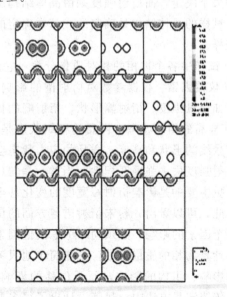

第3章

Rietveld全谱拟合方法

Rietveld 全谱拟合法通过预设一组样品参数，如物相晶体结构、物相含量、晶粒尺寸、微观应变、织构、应力等参数，计算出一个初始衍射花样，通过与测量出来的衍射谱进行比对，计算出两者的残差，按照非线性最小二乘优化原理，根据残差的大小和正负值方向修正各个参数的值，经过若干循环优化，最终得到精修后的与实测衍射谱吻合的计算衍射谱。这一过程就是 Rietveld 全谱拟合精修。

全谱拟合精修区别于传统的 X 射线衍射数据处理方法，得到的结果是精确的。因此，作为一种新的 X 射线衍射数据处理方法越来越受到重视和应用。通过学习，不但可以掌握一种全新的 X 射线衍射数据处理方法的原理、方法及其应用，而且可以全面了解包含在 X 射线衍射谱中来自物相晶体结构、组织状态信息的共存关系与相互影响。

3.1 Rietveld 结构精修原理

3.1.1 X 射线衍射谱的组成

从前面的学习可以了解到，一个试样衍射谱的组成及其变化主要由以下 4 个方面的因素构成。

① 样品的晶体结构 它构成了衍射谱的花样，即衍射角和衍射强度。衍射角由晶胞的形状和大小决定，而衍射强度则由晶体结构决定，即晶体的点阵类型、原子位置、数量。如果一个试样的晶体结构是确定的或基本确定的，那么，可以根据晶体结构绘制出一个基本的衍射花样。

② 试样中各个物相的相对质量分数 它决定了各个物相的相对强度变化。

③ 仪器因素 仪器参数对衍射谱的影响是一个不可忽略的因素，它影响整个衍射谱的变化。如背景强度、衍射峰形状、衍射峰的仪器宽度等。

④ 样品的组织状态 样品的组织状态是多方面的。例如，样品的状态、组成元素等会影响背景线的形状和高度；样品的应力状态会影响衍射峰位置的偏移；样品的织构或择优取向使衍射强度失去强度匹配性；当然，晶粒尺寸细化和微观应变的存在也会影响衍射强度的变化，更主要的是影响衍射峰宽度的变化甚至形状的变化。

由此，可以看出，粉末衍射谱各方面的信息互相关联，互相影响。若需要从衍射谱中抽取出某个因素的影响，必须同时考虑其他因素的影响。例如，一个含有多个物相的样品中，若需要计算物相的质量分数，不能简单地只考虑质量分数对强度的影响，而必须同时考虑如温度的影响、织构的影响、原子位移的影响、晶体结构的纯净度（是否有异类原子固溶）等。在传统定量方法中，尽管设计出了很多办法，尽量避免这些因素的影响，但是，不管怎么处理样品，这些因素确实一直存在，并影响分析结果的准确性。

图 3-1 中，从下面往上面看，说明了一个 X 射线衍射谱的各种影响因素。例如，正如本书 Ⅰ 册第 10 章介绍的那样，衍射峰位置与多个因素相关。但是，除了本书 Ⅰ 册第 10 章介绍的那些影响因素外，实际上还有其他一些因素对衍射峰位置的影响也不容忽略。例如，宏观内应力的存在是一个方面，此外还有晶体结构的微小变化等。

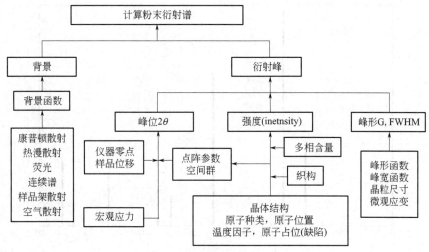

图 3-1　衍射谱信息的组成

图 3-1 也说明了另一个问题，如果知道所有影响衍射谱的因素，将每一个影响因子都赋予一个值，就可以利用现代计算技术，将衍射谱计算出来。

3.1.2　Rietveld 方法的基本原理

（1）晶体结构

当然，对于一个样品来说，如果能完全确定其物相组成，那么唯一能知道的是其对应的晶体结构。因为晶体学家已经通过晶体结构解析，得出了非常多的物相的晶体结构。在晶体结构描述文件中，注明了每一种晶体结构的构成原子种类、位置、数量等。例如，通过查找无机晶体结构数据库（ICSD，FIZ），可查到 NaCl 晶体的结构如图 3-2 及其文字描述，如表 3-1 所示。

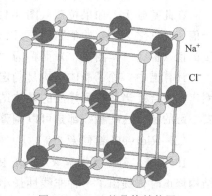

图 3-2　NaCl 的晶体结构图

表 3-1　NaCl 的晶体结构信息

晶胞参数 $a=0.562nm$								
Z（一个单胞中包含 NaCl 分子的数量）=4								
空间群=Fm-3m（225）								
原子信息								
原子	价态	重复数	位置	x	y	z	占位率	各向同性因子
Na 1	Na $^{+1}$	4	a	0	0	0	1.0	1.689(24)
Cl 1	Cl $^{-1}$	4	b	0.5	0.5	0.5	1.0	1.357(17)

从图 3-2 和表 3-1 知道，晶体结构数据库中描述了各种物相的晶体结构信息。包括晶胞参数、空间群、一个单胞中含有分子的个数（Z），以及每个原子的价态、坐标（x、y、z）、占位情况（<1 表示占位不满）和各向同性因子。各向同性因子是包含温度因子与结构因子相关的参数，用以计算结构因子和温度因子。有了这些参数，完全可以绘制出图 3-3NaCl 的衍射花样。

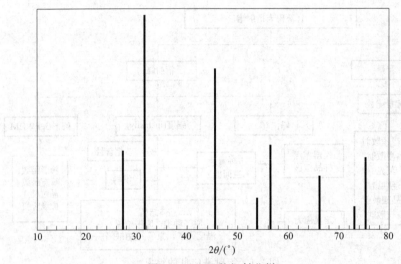

图 3-3　NaCl 的衍射花样

不过，值得注意的是，由晶体结构仅仅能给出"衍射花样"，只包含衍射线位置和衍射线高度（即衍射线的强度）。

在此基础上，如果按照（图 3-1）的设计，给予每一个影响衍射峰信息的参数都赋予一个值，且称之为"初始值"，则可以计算出一个真正的衍射谱来。这个谱图，相对于实验测量的谱（称为"实测谱"）而称为"计算谱"。

计算谱中，除了晶体结构是确定的外，其他各个参数都是凭经验设定的，并不一定与实测谱相吻合。当然实测样品的晶体结构也可能与从晶体结构数据库中查到的结构略有不同。要注意的是，这些参数都是可以调整的。

（2）Rietveld 精修原理

1969 年，荷兰晶体学家 H. M. Rietveld 在做中子粉末衍射谱图的峰型强度数据的晶体结构修正时，提出了一种非线性最小二乘法的精修方法。他把一张中子衍射图谱看成是衍射角度-强度的离散数据，在全谱范围内以一定的 2θ 间隔（如 0.02°）对实验测得的衍射强度进行离散化（在当时的条件下，衍射谱是以图形方式输出在 X-Y 记录纸上或是以冲洗底片的方式还原在纸质照片上的），获得 $2\theta_i$-Y_{oi} 数据序列。在假定晶体初始结构已知的基础上，以一定的结构参数和峰形参数通过理论计算对应 $2\theta_i$ 下的强度值 Y_{ci}，通过最小二乘法不断地调整和修正参数来使得计算的强度值和实验值的差值 M 最小，最终获得修正后的晶体结构参数和其他峰形信息。简单地说，该方法就是采用计算机程序逐点比较计算值和实验值，通过调整结构参数和峰形参数使计算谱和实验谱相符，从而获得修正的晶体结构。

晶体结构的解析和结构的优化一直以来都是通过单晶衍射来完成的。但是，单晶样品有时很难获得，而由于多晶衍射比单晶衍射制样容易且实验技术简单，多晶衍射数据 Rietveld 法结构修正很快就引起人们的关注。由于中子衍射峰形简单、对称性较好，且基本符合高斯分布，在 20 世纪 70 年代初，Rietveld 法结构精修在中子多晶衍射修正晶体结构方面得到了广泛地应用。一直到 1979 年，由 R. A. Young 等人将 Rietveld 方法应用于 X 射线衍射领域，并对属于 15 种空间群的近 30 种化合物的结构成功地进行了修正。20 世纪 80 年代，随着高分辨同步辐射多晶衍射的发展，衍射图谱的准确性和分辨率得到了提高，Rietveld 法在 X 射线衍射领域也得到了很大的发展。另外，Rietveld 法在理论上也得到了发展，扩展至多晶粗结构的从头测定。到 20 世纪 90 年代，文献上已有许多这方面工作的报道，采用 Rietveld 全谱拟合修正了近 2000 个晶体结构。现在，多晶材料 X 射线衍射 Rietveld 全谱拟合精修方法除了修正晶体结构外，还扩展至多晶衍射传统应用领域的物相定性与定量分析、晶粒度测定、微结构分析以及织构、应力、磁性质等各个方面。

应用 Rietveld 法进行多晶结构修正的主要辐射源有中子源、同步辐射和常规实验室 X 射线衍射。从目前的应用来看，常规 X 射线多晶衍射的准确度不如中子衍射和同步辐射，主要是由于衍射峰形函数较为复杂，还没有一个普遍适用的表达式，但因其仪器配备数量众多，实验数据易于获得，Rietveld 法结构精修中较大一部分是常规 X 射线多晶衍射的结果。

Rietveld 方法的基本原理就是在已确定试样初始晶体结构的情况下，将实测数据与计算数据逐点进行强度比较：

$$M = \sum W_i (Y_{oi} - Y_{ci})^2 \tag{3-1}$$

式中，Y_{oi}、Y_{ci} 为步进扫描第 i 步的实测强度和计算强度；W_i 为基于统计的权重因子。若令 Y_{lim} 为最低强度值的四倍，当 $Y_{oi} > Y_{lim}$ 时，$W = 1/Y_{oi}$；当 $Y_{oi} \leqslant Y_{lim}$ 时，$W = 1/Y_{lim}$。

逐步改变和调整用于计算的各项参数，使 M 越来越小并使之趋向于极小的过程，就是 Reitveld 全谱拟合精修。精修前设计的各项参数可能很粗糙，与实测谱有很大的差异（称为初始模型或初值参数），但是经过精修后得到"精修过的"各项参数，实际上与实验试样的各项参数非常吻合。这也就是想要得到的结果。

3.2 计算谱的构成

通过理论计算衍射强度值 Y_{ci}，需要知道不同晶面（HKL）衍射峰的位置（$2\theta_k$）、积分强度（I_k）以及强度分布［下标 k 表示晶面指数（HKL）的缩写，代表一个衍射］。其中衍射峰的位置和积分强度可以通过晶体的结构参数和原子组成计算出来。而强度分布与实验条件关系密切，很难使用理论计算，Rietveld 法采用经验上设定的特定峰形函数（G_k）表示。因此，计算谱的参数由两方面构成，即晶体结构和其他参数（后面统称为"峰形参数"）。

3.2.1 晶体结构

为了计算出计算谱来，准确地给出与被测试样比较吻合的晶体结构尤其重要。

在精修之前必须有一个认为是与真实结构相近的结构模型，也就是有了晶胞参数、原子分数坐标、占有因子、空间群等结构数据。这些数据虽不一定和真实结构完全相同，但应是相近的。可以从这些数据出发计算结构因子、衍射峰的位置等，以此作为精修的初值，在精修中逐步修正。获得晶体结构的渠道有很多，例如：可以是异质同晶物的结构；可以从已有的结构化学和晶体结构的数据进行推断等。初始结构模型如果比较接近真实结构，则精修过程可以获得较快的收敛、正确的结果。如果原始模型偏离真值较大，有可能收敛在伪极小上，得到错误或不合理的结果。物相的晶体结构数据通过一些数据库来查阅。

ICSD——无机晶体结构数据库（the Inorganic Crystal Structure Database，简称 ICSD）由德国的 the Gmelin Institute(Frankfurt) 和 FIZ(Fach informations zentrum Karlsruhe) 合办。该数据库从 1913 年开始出版，至今已包含近 10 万条化合物目录。每年更新两次，每次更新会增加 2000 种新化合物，所有的数据都是由专家记录并且经过几次的修正，是国际最权威的无机晶体结构数据库。它收集并提供除了金属和合金以外、不含 C-H 键的所有无机化合物晶体结构信息。包括化学名和化学式、矿物名和相名称、晶胞参数、空间群、原子坐标、热参数、位置占位度、R 因子及有关文献等各种信息。ICSD 发布的晶体结构搜索软件是 Findit. exe，也可以访问链接：https://icsd. fiz-karlsruhe. de/search/。

CSDS——剑桥结构数据库系统（the Cambridge Structural Database System，简写为 CSDS），是基于 X 射线和中子衍射实验唯一的小分子及金属有机分子晶体的结构数据库，收录了全世界范围内所有已认可的有机及金属有机化合物的晶体结构。目前，剑桥结构数据库含有 875000 个有机及金属有机化合物的 X 射线和中子射线衍射的分析数据。本数据库不仅全面涵盖了已发表的分子晶体结构，同时也独特地收录了大量在其他任何地方无法获得的分子结构数据。

ICDD——国际衍射数据中心（the International Centre for Diffraction Data，ICDD），是由成立于 1941 年的粉末衍射化学分析联合委员会演变而来，为全球非盈利性科学组织，致力于收集、编辑、出版和分发标准粉末衍射数据（PDF 卡片或 PDF 数据库），其主要用于结晶材料的物相鉴定。ICDD 是全球 X 射线衍射领域最为权威的机构，近些年来，致力于收集、整合其他晶体结构库中已发表的结构，而且其兼容性好，可与 Jade、PDXL、Smart-Lab Studio Ⅱ、EVA、Highscore 等 X 射线衍射数据处理软件兼容。

NIST——NIST Crystal Data：Http://www. nist. gov/srd/3. h 也包含有 23000 条晶体结构。

COD——Crystallography Open Database，晶体学开放数据库（COD）。通过网站访问，其中包含较多的晶体结构数据。

当然，通过文献，查找一些最新发表的结构，也是前沿研究必要的工作之一。

3.2.2 其他参数

除了晶体结构是通过数据库查找的外，其他参数都是通过经验进行设定的。计算这些参数的函数包括峰形函数、半高宽函数、背景函数、应力函数、织构函数等。下面分别介绍。

（1）峰形函数

Rietveld 全谱拟合方法之所以很晚才由中子衍射数据处理引入到 X 射线衍射领域中来，除了与衍射数据强度及其分辨率和计算技术的发展有关外，更主要的是因为 X 射线衍射峰形非常复杂，至今还没有一个函数能完全吻合实测的衍射峰形。根据经验，衍射峰峰形主要使用以下函数中的一种。

① 高斯函数：$I(2\theta) = I_p e^{-k(2\theta - 2\theta_p)^2}$。该函数完全吻合中子衍射峰形。但是，若使之拟合 X 射线衍射峰形时，其计算的半峰宽数据明显大于实测数据。

② 柯西函数：$I(2\theta) = \dfrac{I_p}{1 + k(2\theta - 2\theta_p)^2}$。它与高斯函数正好相反，其计算半峰宽明显小于实测衍射峰的宽度。实际上很少用到。

③ 柯西平方函数：$I(2\theta) = \dfrac{I_p}{[1 + k(2\theta - 2\theta_p)^2]^2}$。它较以上两者更好，但仍然不能完全吻合。实际上很少用到。

④ Pearson Ⅶ 函数：$I(2\theta) = \dfrac{I_p}{[1 + k(2\theta - 2\theta_p)^2]^m}$。它是前 2 种函数的组合函数。式中 $1 \leqslant m \leqslant \infty$，当 $m = 1$ 时为柯西函数，$m = 2$ 时为柯西平方函数，$m = \infty$ 时即为高斯函数。通过调整其参数 k、m 与衍射谱峰形较为吻合，是目前精修中最常用的函数之一。

⑤ Voigt 函数：$I(2\theta) = \displaystyle\int_{-\infty}^{+\infty} C(u)G(2\theta - u)\mathrm{d}u$。式中 C 为柯西函数，G 为高斯函数，它是两种函数的卷积。

⑥ Pseudo-Voigt 函数：$I(2\theta) = I_p\left[\dfrac{\eta}{1 + k_1(2\theta - 2\theta_p)^2} + (1 - \eta)\mathrm{e}^{-k_2(2\theta - 2\theta_p)^2}\right]$。式中 η 为百分数，第一项为柯西函数，第二项为高斯函数，它是两个函数按比例求和而得，通过修改比例系数而使衍射峰吻合。事实上，这也是目前精修所采用的最常用的函数之一。

除以上所列峰形函数外，在一些精修软件中还考虑应力的存在，使用一些更复杂的函数。总体来说，X 射线衍射的峰形由仪器因素和样品因素合成。仪器因素与高斯函数大致相近。样品因素用洛伦兹函数描述。通过高斯加洛伦兹函数可以很好地拟合衍射峰。应用最广泛的是 Pseudo-Voigt 和 Pearson Ⅶ 函数。

对于衍射峰的形状，还有一个很重要的参数，就是峰形的不对称因素。在现代精修软件中，一般将衍射峰分为"峰左"和"峰右"两部分分别处理，设计一个或若干个不对称参数，分别对两者进行拟合。

通过对峰形函数 Pseudo-Voigt 修正后，峰形函数中还可以包含宏观应力的因子等的影响。

（2）峰宽函数

衍射峰不但具有高度和形状，而且具有不同的宽度。宽度函数常用的有：

$$\mathrm{FWHM} = W + V \times 2\theta(c) + U \times 2\theta(c)^2 \tag{3-2}$$

$$\mathrm{FWHM} = W + V\tan[\theta(c)] + U\tan[\theta(c)]^2 \tag{3-3}$$

$$\mathrm{FWHM} = W + V\tan[\theta(c)] + U\tan[\theta(c)]^2 + \frac{P}{\cos^2\theta} \tag{3-4}$$

式中，U、V、W 和 P 为可精修的变量。X 射线衍射的峰宽是衍射角（2θ）的抛物线函数。经验认为，式(3-3) 更适合于高角度衍射峰宽的计算。要注意的是，采用不同的峰形函数时，对应的峰宽函数也不一样。在一些软件中，甚至可以提供多达 10 种可选的峰宽函数。采用不同的峰宽函数时，相应的晶粒尺寸与微观应变的计算方法也不相同。

另外，峰宽函数中还可以包括能量色散等的影响。

（3）背景函数

衍射谱背景的影响因素很多，主要包括：连续谱 X 射线，荧光 X 射线，直射光，空气散射，非晶散射，热漫散射，康普顿效应以及滤波余量等。

$$Y_{ib} = \sum \beta_m (2\theta)^m, m = 2, \cdots, 9 \tag{3-5}$$

式中，Y_{ib} 为第 i 测量角位置的背景强度计算值；m 为函数级数；β_m 为第 m 级函数的精修参数。

经验表明：X射线衍射的背景强度可以用一条多项式函数来表示，虽然软件设计时可以选择非常高的阶次，而且拟合得也非常好。但是，除非背景确实非常复杂，建议一般取5次多项式，选择太高的阶次函数可能使衍射强度进入到背景，造成"伪收敛"。

有些精修软件还允许使用更复杂的函数。例如，在SmartLab Studio和GSAS等软件中，设计了10种背景函数供选择，或者允许用户自己绘制背景曲线，即Fixed背景。具体使用哪种背景函数、使用几次方函数都由操作者根据实际需要或者精修过程中的进度来选择。

（4）晶粒形状

就像在本书Ⅰ册第11章介绍的一样，一般默认晶粒的形状是球形的，这样，它在各个晶向上都是同样大小的，导致衍射峰的宽化也相同。如果晶粒不是球形的，可以试着设计为椭球形或者其他形状或者随机形状。通过这些选择，使衍射峰宽度吻合。虽然现代先进的精修软件都有这个功能，例如Maud，SmartLab Studio Ⅱ等，但并不是每一个精修软件都会考虑到这种情况。

（5）衍射谱任意角度位置的强度

峰形函数和相应的峰宽函数确定后，就可以计算出第k个衍射峰在i测量点（$2\theta_i$）处的衍射强度贡献为：

$$Y_{ik} = G_{ik} I_k \tag{3-6}$$

即第k个衍射峰对于第i测量点的强度贡献为衍射峰形函数G与k衍射的峰高之积。

那么整个衍射谱第i测量点的强度为：

$$Y_{ic} = Y_{ib} + \sum_k Y_{ik} \tag{3-7}$$

即第i点的总计数强度Y_{ic}为各衍射k对i点的贡献之和，再加上i点的背景强度Y_{ib}。衍射峰的延伸范围设计为该峰半高宽的n倍，$n = 5，7，\cdots$。

（6）织构函数

所谓织构，是指具有择优取向组织结构及规则聚集排列状态类似于天然纤维或织物的结构和纹理（preferred orientation distribution）。有些择优取向是由于某种力或者热的作用形成的，它们是规则的；也有一些择优取向其作用力并不规律，因此，这些择优取向是不规则的。解决织构的问题可以用下面的一些函数：

$$P_k = \exp(-G\alpha_k^2) \tag{3-8}$$

$$P_k = \exp\left[G\left(\frac{\pi}{2} - \alpha_k\right)^2\right] \tag{3-9}$$

$$P_k = \sqrt[\frac{3}{2}]{\left(G^2\cos^2\alpha_k + \frac{\sin^2\alpha_k}{G}\right)} \tag{3-10}$$

式中，G为择优取向修正参数；a_k为择优取向晶面与衍射面的夹角。

（7）应力及其他因素

有些软件还提供更多的精修参数。如：

宏观应力：宏观应力的存在，将使衍射峰产生偏移（如Maud、GSAS软件）；

磁性质：对于磁性材料有必要精修（如FullProf软件）。

3.2.3 计算谱的合成

以上讨论了各种参数的作用。在晶体结构确定的情况下，加上影响峰位、强度分布以及峰形和峰宽的各种参数（包括实验条件）。Rietveld 法采用经验上设定的特定峰形函数 (G_k) 表示。在 $2\theta_i$ 处的强度值 Y_{ci}，对于一个多相样品来说，采用下式计算：

$$Y_{ci} = \sum_j S_j \sum_k L_k \mid F_k \mid^2 G_{ki}(2\theta_i - 2\theta_k) P_k A(\theta) + Y_{bi} \qquad (3-11)$$

式中，S_j 为物相 j 的标度因子或比例因子；L_k 为洛伦兹-偏振因子和多重性因子的乘积；P_k 为择优取向函数，$A(\theta)$ 为试样线吸收系数的倒数；F_k 为（HKL）衍射的结构因子（包括温度因子在内），Y_{bi} 为背底强度。衍射峰位置 $2\theta_k$ 根据布拉格衍射公式 $2d_k \sin\theta_k = n\lambda$ 计算出来。

在式(3-11) 中，结构因子 F_k 的计算式为：

$$F_k = \sqrt{\left[\sum_{j=1}^n f_j \cos 2\pi(Hx_j + Ky_j + Lz_j)\right]^2 + \left[\sum_{j=1}^n f_j \sin 2\pi(Hx_j + Ky_j + Lz_j)\right]^2} \exp(-M_j)$$

$$(3-12)$$

式(3-12) 中，开方的部分是 I 册式(4-21) 给出的结构因子，后一部分则是 I 册式(4-45) 给出的温度因子，所以，式(3-12) 通常称为"包含温度因子的结构因子"。在精修时，将它作为一个参数来处理。

总结一下式(3-11) 中的各个因子可知：当物相的晶体结构发生改变时，将影响结构因子 F 的变化，也会影响洛伦兹-偏振因子 L；当峰形和峰宽发生改变时（包括仪器狭缝参数、晶粒尺寸、微观应变、宏观内应力以及能量色散等因素），影响峰形函数 G 的改变；织构和吸收系数是直接被修正的因子 (P,A)；$2\theta_i$ 点的衍射强度是各个衍射峰在 i 测量点的强度累加，每个物相各个衍射峰的强度则与其标度因子成正比，标度因子反映了物相的衍射能力和在多相样品中的含量。最终，总测量强度应当是样品在 $2\theta_i$ 点的总衍射峰的强度与背景强度之和。如果需要考虑更多因素的影响，可以增加峰形函数 G 的参数，或者直接加入影响因子。

3.3 Rietveld 精修顺序

3.3.1 精修参数的分类

在精修过程中，虽然精修的参数众多，但是，它们对衍射谱的影响大小或贡献方式并不一样。根据其作用大小，大致可以将精修参数分为两类。

结构参数：主要是指晶体结构中包含的参数，如原子种类、原子坐标、温度因子、位置占有率、总温度因子、消光等。它们受晶体结构的约束，其变化量并不大，对衍射强度的影响可能非常小，甚至在某些情况下可以被忽略。

非结构参数：这些参数来自 3 个方面：第 1 个方面是晶胞参数和标度因子。前者直接影响衍射峰位置；后者是物相对 X 射线散射的能力，在多相样品中，则是物相在试样中的含量的比例因子，它是物相衍射强度的直接贡献之一。第 2 个方面则是仪器参数。包括制样时的样品位移（装样高低）、仪器的零点校正、背景、衍射峰的非对称性等，它们既影响峰位，也影响强度，还影响着峰形和峰宽。第 3 个方面则是来自于样品的组织状态，包括样品的透明性（样品可以被照射的深度）、晶粒大小、微观应变、消光校正以及择优取向和应力。非结构参数往往与物相的晶体结构无关，但也是影响衍射谱更重要的因素。

3.3.2　精修参数的选择

在精修之前，所有的参数都必须赋予初始值才能计算出初始的衍射谱来。现代智能化精修软件中都能自动给各个参数赋予初始值。在精修过程中，并不一定要把所有参数都精修，而是根据需要只选择必要的参数进行精修。

另外，参数的精修采用"逐步放开"的方法。精修往往要进行若干个循环。精修时，先"放开"最重要的参数，允许其被修正；然后再将次要的参数放开，使其与前面已放开的参数一并修正。照此操作下去，直到把需要精修的参数都放开精修。

精修的过程就是使式(3-1) 中的 M 值达到极小。操作者应当设置一个极小值。当 M 达到极小值时，结束精修。

3.3.3　参数放开的顺序

由于需要精修的参数很多，如果一开始就同时对所有参数进行精修，则参数改变的途径会很多，很有可能形式上最小二乘方已降到极小，但收敛到伪极小。因此，Rietveld 精修总是分步进行：将其他参数固定在初值，先调整、精修 1～2 个参数。在最小二乘方极小后，再增加 1～2 个参数，这样逐步增加，直到全部参数都被修正。Cooper 等人认为，结构参数和峰形参数是由衍射图谱的两种不同特性决定的。结构参数取决于衍射线的积分强度，它与衍射位置无关；而峰形参数则是由衍射线的峰形和位置决定。因此，用 Rietveld 峰形拟合修正结构时应分两步进行修正，先修正峰形参数，第二步修正结构参数。

总体来说，按照"先修非结构参数，后修结构参数"的原则进行。由于 Rietveld 分析是在假定晶体结构已知的情况下进行的，所以往往非结构参数的优化要比结构参数的优化重要一些。只有获得良好的非结构参数才能保证优化后的结构参数的可靠性。当然，如果晶体结构模型选择不正确，精修就完全进行不下去。

所以，精修的一般顺序如下。

背景和标度因子→晶胞参数，样品位移→微结构参数（峰形函数更换、峰宽函数修正等）→晶体结构参数（原子坐标，或者更换原子种类等）→织构与应力。

在具体的拟合过程中，并不是每一次都同时改变很多参数，视具体情况而定，如其中有些参数已知时就不需要改变。比较好的精修方法是逐步放开参数，开始先修正一两个线性或稳定的参数，然后再逐步放开其他参数一起修正，最后一轮的修正应放开所有参数。同时，在修正的过程中，应经常利用图形软件显示修正结果，从中可获得一些有关参数的重要信息，以便进行进一步精修，直到得到很好的结果。

表 3-2 列出了各种参数的性质和精修顺序。

表 3-2　各种参数的性质和精修顺序

参数	线性	稳定性	修正顺序	说明
标度因子	是	稳定	1	如果结构模型不正确,比例常数可能是错的
试样偏离	否	稳定	1	如果试样非无限吸收,将引起零点偏离

续表

参数	线性	稳定性	修正顺序	说明
平直背景	是	稳定	2	
晶胞参数	否	稳定	2	如果给定的晶胞参数不正确,将引起衍射峰位错误,从而导致虚假最小 R 值
复杂背景	否	稳定	2 或 3	如果背景参数多于模拟需要,将可能引起偏差相互抵消,导致修正失败
W	否	差	3 或 4	U、V、W 具有高相关性,不同数值的组合可能会导致实质上的相同结果
原子位置	否	好	3	图示和衍射指数可以评估是否存在择优取向
占有率和温度因子	否		4	两者具有相关性
U,V	否	不	最后	U、V、W 具有高的关联性,不同数值的组合可能会导致实质上的相同结果
温度因子各向异性	否	不	最后	
仪器零点	否	稳定	1 或 4 或不修正	对于稳定的测角仪,零点偏差不具有重要意义,试样不完全吸收也会引起零点偏离

3.4　精修指标

　　Rietveld 分析的主要步骤为:建立结构模型→计算理论强度→与实验谱图进行比较→调整参数以及再计算。如各轮精修后各参数的值均在各自的某个特定值两侧振动,说明进一步精修不会得到更多的东西,则精修该停止了;或每经过几个精修循环,应该停一下,以便作出判断是否已经完成精修,是否有进一步精修的价值与必要,是否应放弃目前的模型或精修途径。另外,在精修过程中,经常用图形显示实验谱、计算谱和残差线,从图形可以帮助判断吻合度不好的原因,是因零点不准、晶胞参数有误差或线形参数不良,还是有其他原因,以便在进一步修正中作出相应改进。

　　Rietveld 分析是一个循环过程,因而必然有一个收敛标度,即所谓的 R 因子。一般地,R 值越小,峰形拟合就越好,晶体结构的正确性就越大。

3.4.1　精修指标

　　下面列出了几种常用的 R 值表示方法:

profile factor,拟合因子

$$R_{\mathrm{p}} = \frac{\sum |Y_{io} - Y_{ic}|}{\sum Y_{io}} \tag{3-13}$$

weight profile factor,加权拟合因子

$$R_{\mathrm{wp}} = \sqrt{\frac{\sum w_i (Y_{io} - Y_{ic})^2}{\sum w_i Y_{io}}} \tag{3-14}$$

Bragg factor,布拉格因子

$$R_{\mathrm{B}} = \frac{\sum |I_{ko} - I_{kc}|}{\sum I_{ko}} \tag{3-15}$$

crystallographic factor，晶体结构因子

$$R_{\mathrm{F}}=\frac{\sum|F_{ko}-F_{kc}|}{\sum F_{ko}} \tag{3-16}$$

expected weight profile factor，期望因子

$$R_{\exp}=\sqrt{\frac{(N-P)}{\sum w_i Y_{io}}} \tag{3-17}$$

goodness of fit indicator(S)，优度因子

$$\mathrm{GofF}=\left(\frac{R_{\mathrm{wp}}}{R_{\exp}}\right)^2=\frac{\sum w_i (Y_{io}-Y_{ic})^2}{N-P} \tag{3-18}$$

式中，Y_{io} 为第 i 个计数点的强度测量值；Y_{ic} 为第 i 个计数点的强度计算值；I_{ko} 为第 k 个衍射峰的积分强度测量值；I_{kc} 为第 k 个衍射峰的积分强度计算值；F_{ko} 和 F_{kc} 分别为第 k 个衍射的结构因子测量值和计算值；N 为实验数据点个数；P 为可精修的变量个数；w_i 为统计权重因子。

在这些数据判据中，最常给出的是 R_{p} 和 R_{wp}。R_{wp} 是根据逐点强度计算，反映计算值和实验值之间的差别。最能反映拟合的好坏，在精修过程中指示着参数调整的方向。一般认为 R_{wp} 值低于 10，精修结果是可靠的。

R_{F} 和 R_{B} 是根据衍射峰的积分强度或者结构因子计算的，由于积分强度由结构参数计算，因此，该因子用于判断结构模型的正确性。

优度因子 GofF（有时写成 S，或 χ^2）由 R_{wp} 和期望值 $R_{\exp}$ 计算，用于判断拟合的质量。其理想值为 1。当 S 为 1.0～1.3 时，可以认为修正结果满意；如果 $S>1.5$，说明结构模型不良，或是精修收敛在一个伪极小值；如果 $S<1$，则说明实验测得的衍射数据质量不够好，也可能是背景太高。

3.4.2　残差图示

由于多晶衍射数据精修过程中有时候会出现伪极小值，仅通过 R 因子来判断并不可靠。需要结合实时拟合图来判断精修的方向。如图 3-4 所示，当拟合误差线（difference）不是一条平滑的直线而出现各种波动时，即表示有某个方面的误差。图中粗线为实测谱，细线为计算谱，衍射峰上面的曲线即为误差线。

正常情况下，如果拟合良好，残差线应当是一条平滑的直线如图 3-4(a)。如果残差为负或正，是标度因子或择优取向取值不当的原因。进而，如果整个物相的衍射峰残差都为负值，说明标度因子取值太高，可以人为干预重新设置一个较小的标度因子，反之则调大标度因子；如果一个物相仅有一个或几个峰的残差出现负值，可以考虑修正织构如图 3-4(b)，(c)。

若残差由正变负或由负变正如图 3-4(d)，(e)，应当是衍射角不正确，来源于晶胞参数不正确，样品偏离，零点偏离。

如果残差先正再负再正或先负再正再负如图 3-4(f)，(g)，表明计算谱的半高宽与实测谱的半高宽不符。进而，如果一个物相中仅有某部分衍射峰出现，说明晶粒形状为非球形，导致衍射峰存在各向异性宽化，可以考虑重新选择晶粒形状模型。

衍射峰形由左右两部分构成，若峰形不对称，参数精修不到位，则会出现图 3-4(h)，(i) 的情况。应当修正峰形不对称参数。

总之，Rietveld 法修正晶体结构正确性判据最重要的标准如下。

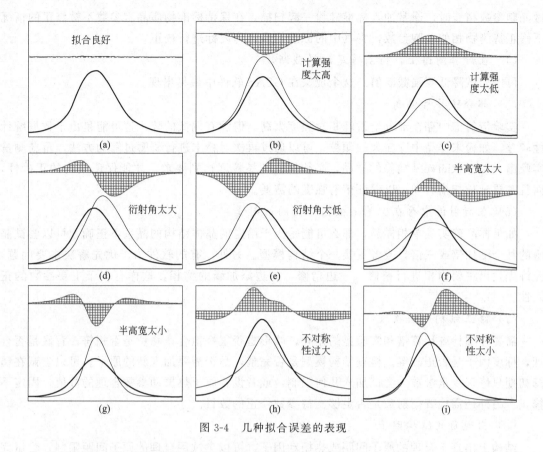

图 3-4　几种拟合误差的表现

① 计算图形和实验数据相符合，剩余方差因子 R 值小；

② 结构模型的化学合理性，合理的原子间距离（包括成键和非成键）和键角等；

③ 占有率与晶体材料的化学成分一致；

④ 晶体结构与其他物理性能，例如红外光谱，拉曼和紫外光谱、核磁共振、电子顺磁、电子顺磁共振、质谱、热重、电镜、光和磁测量，以及倍频、压电等性能相一致。

3.4.3　精修过程中可能出现的问题

在实际的精修过程中，常会碰到各种问题，造成精修无法进行，或者出现意外的假收敛。下面列出一些常见的问题以供参考。

（1）实验数据背景线拟合不好

可以尝试不同的背景函数和背景扣除方法，或者人工设置背景线并固定。造成背景线拟合不好的原因很多，一般建议在扫描图谱时选择一个宽衍射角范围，而在数据处理时，可以把背景线变化剧烈而且没有衍射峰的部分去掉。

（2）计算峰形和实验峰形不一致

可以通过图示观察差值情况，通过峰形对比，对峰形参数进行调整，并进一步修正。在每种精修软件中，都根据需要提供有多种峰形函数可供选择，可以在精修过程中更换峰形函数并重新修正。

（3）计算与实验图谱峰位不一致

可以调整样品的零点误差和离轴误差，或者使用内标法测量晶体的晶胞参数。例如，在做晶胞参数精修时，通常加入标准硅粉一起扫描，在保持标准物质晶胞参数不被修正的情况下修正待测物相的晶胞参数，将其中的标准物质作为内标进行校正。

（4）在计算图谱上，衍射峰尾过早截断

可以尝试降低峰强截断值。这个现象在 GSAS 软件中最易出现。

（5）部分峰异常偏高

实验衍射谱中存在部分衍射峰相对强度太高，但没有偏低的峰，这可能是由于数据统计性较差，如粉末样品中存在大的颗粒，可以通过再次对粉末进行研磨过筛的方法，重新测量实验谱。对于 Rietveld 精修的样品，必须保证其晶粒度达到要求，才能保证结构的正确性，而且需要延长扫描时间，以保证衍射强度的需要。

（6）在衍射谱中存在少量未被指标化的衍射峰

如果样品确实是单相样品，那么可能是由于给定的晶体结构的晶系不正确，可以尝试晶胞的某个轴加倍或三倍，或者更换一个结构模型。另外，有的软件为了优先解决主要问题，允许先找出主要物相进行精修，一边精修，一边添加新的物相，这样有利于主要参数的正确性。

（7）修正结构无法收敛

需要仔细检查计算谱和实验谱的差异，峰形是否很好拟合，峰位是否相符，背底是否合理，标度因子是否正确等。检查结构模型是否完整，是否需要加入新的原子。可以尝试在精修初期只修正少量参数，尝试加入几何限制，或者设置原子热振动参数合理的数值，固定不修正。另外还需检查衍射数是否足够支持参数修正的数目。

（8）出现负的结构因子

结构上出现不合理的原子间距或热振动因子，可以尝试用合理的原子间距限制，尝试固定热振动参数在合理的数值范围，并限制相似原子使用相同的热振动参数进行修正。

（9）结构假修正收敛

晶体结构参数修正收敛，但是衍射强度有误差，或者原子热振动参数不合理。检查洛仑兹偏振因子校正是否正确，是否进行了吸收校正，检查是否存在择优取向，在修正时加入择优取向校正。在进行晶体结构修正时，必须加入约束条件，以保证结构的正确性。所谓引入约束，就是在精修中对结构中的某些几何或化学的关系事先作出约定。如设定某种键长或键角的值，或允许变化的范围等，精修的结果不能超出此约定的范围。这样就可减少为了求得极小值而参数任意变化的可能性。在衍射数据的质量比较差、可分辨衍射峰数目与独立原子数比值较小时，引入各种约束是必需的，因为这等于增加可分辨衍射峰的数目。

（10）不同数据组的联合精修

将同一样品在不同实验条件下得到的数据组同时精修，在精修中各数据组可有不同的峰形参数，但都有相同的结构参数，这样得到的结果会比较精确。

（11）考虑高角数据截断对结果的影响

在 Rietveld 分析中，高角数据截断对晶体结构参数有一定影响，而且对不同的结构参数影响程度也不一样。较重原子的坐标在常规衍射范围就能取得较好的结果，而轻原子的结构参数和晶胞参数则需要在计算中引入一定的高角衍射数据才能准确确定。

（12）微量相的比例因子异常增大

在对那种含有微量相的样品进行精修时，特别要注意微量相的峰位移动而产生"强度吸入"现象。微量相的计算峰因为太低,很容易自由移动而吸入背景强度或者附近位置的峰尾强度,从而使自身的比例因子异常增大,含量出现假值。解决这个问题有效的方法是先对主要相进行精修,最后才加入微量相。事实上,在 Maud 这样的软件里如果首先加入了含量低的相时,会自动地被剔除掉,只有最后加入微量相再稍作修改才有可能将微量相保留下来。

（13）S 值小而结果不正确

这主要是实验数据没有达到精修的要求。精修的图谱必须是一张高分辨、高准确的数字粉末衍射谱。衍射数据必须是步进扫描、长计数时间、宽衍射角范围 [一般达到 130°(2θ)]、大样品体积的数据。扫描步宽以最小 FWHM 的 $1/4 \sim 1/5$ 为好,一般在 0.02°左右。每步停留时间以最大每步计数为 $10000 \sim 20000$ 为佳。

为了达到这些要求,一般可通过以下一些措施来实现。

① 使用小狭缝和长 Sollar 狭缝;

② 提高仪器制造精度,细心调整与操作;

③ 用小焦点 X 射线管;

④ 用入射线单色器代替衍射线单色器;

⑤ 用高分辨的锗、硅单晶代替石墨作单色器;

⑥ 使用高功率衍射仪或同步辐射光源;

⑦ 使用内标物质或外标物质校正仪器误差;

⑧ 样品粒度为 $0.1 \sim 10\mu m$ 为佳。

在精修过程中,还会碰到其他的各种问题,总的来说,一方面依据 R 值的变化,另一方面根据图示的情况,每一步都要进行分析后才进行下一步的精修。这样才能保证结果的收敛。

3.5　精修的应用

首先,Rietveld 方法作为一种全谱拟合的方法,可以用来精修晶体结构。由于在拟合分析结果中,对于衍射样品同时可以获得更加精确的温度因子、比例因子等计算值,根据这些参数,可以进一步进行衍射样品的德拜温度计算,以及定量分析等。

现在,Rietveld 多晶体衍射全谱拟合法已发展成一类全新的数据处理方法,与传统数据处理方法相比有两个根本的不同:a.传统方法总是以衍射线（峰）为单位,使用一个或几个衍射峰的数据进行各种处理;而 Rietveld 法用的是整个衍射谱,包括所有的峰和背底,可以避免由某些峰参数测量不准造成的结果不准。b.传统方法总是以各个衍射峰的积分强度为单位进行处理,而 Rietveld 法用的是每一测量点的强度,从而大大增加了实测数据量。

Rietveld 法对传统的数据处理方法进行了革命性的变革。很多传统的分析方法被 Rietveld 全谱拟合精修方法所替代和发展。

（1）修正晶体结构

Rietveld 法的最初目的就是为了利用多晶衍射数据修正晶体结构。早期由于粉末衍射方法与单晶衍射工作相比发展得不够完善,当时只有对于那些简单且具有高对称性的晶体结构,其粉末衍射数据才可以在单晶数据的基础上进行处理,因此,人们仍比较关注单晶衍射。1966—1967 年间,基于多晶中子衍射数据第一次提出了"峰形精修方法"的概念及原理,该方法一改传统的利用衍射峰的积分强度进行结构精修,而是采用将每一个步进强度数据点都看作是实验观察值的全谱拟合精修。随后，Rietveld 在 1969 年又针对固定波长的中子衍射数据设计了第一个全谱拟合精修法的计算程序。此后，在 1974 年 H. Klug 等人第一次将该方法运用于使用 X 射线衍射仪收集的粉末衍射数据上。在 1977 年，Malmos 等人第一次将 Rietveld 提出的全谱拟合法成功地应用于使用 Ginier 聚焦照相机收集的 X 射线粉末衍射数据之上。至此，Rietveld 提出的全谱拟合的精修方法在粉末衍射领域获得了巨大的成功。因此，在 1978 年波兰召开的衍射峰形分析大会上将 Rietveld 提出的全谱拟合精修法正式命名为 Rietveld 方法。到 1994 年时，人们利用粉末衍射数据采用 Rietveld 方法进行晶体结构修正时，已经可以成功地运用于一个晶胞内含有独立原子数为 60 的复杂晶体结构了。随着粉末衍射法解结构的兴起，Rietveld 全谱拟合法显得极其重要。特别是对于一些异质同构物质的晶体结构解析过程中，起到了特别重要的作用。例如，对含 Mn、Co、Ni 的三元正极材料，其基本晶体结构为 $LiCoO_2$ 结构，但是，由于 Mn、Ni 元素的掺入，使其性能在各方面都得到均衡与提升。而以 $LiCoO_2$ 结构为初始模型的精修，得到其中 Mn、Ni 占位率，以及 Ni^{2+} 在 Li^+ 位上的占位率。这个结果对于三元材料的性能尤其重要。

（2）全谱匹配物相定性分析

在传统方法中，一张衍射谱是用一套与各衍射峰位置及相对强度对应的 d 和 I/I_1 值来描绘的。做定性相鉴定就是将标准参比物的一组 d-I/I_1 值与未知物一组 d-I/I_1 值做匹配对比，根据匹配情况作出判断。由于 I/I_1 值本身易受实验条件的影响而变化，一般用的又是衍射峰高而不是积分强度，因而 I/I_1 的值不太准，在匹配时只作参考，定性分析是以 d 的匹配情况作为主要依据的。此法没有考虑衍射线的形状，对于一个有严重峰形重叠的样品，部分的衍射线被掩盖，匹配就不准确，结果的可靠性就下降。全谱匹配使用了整个衍射谱，包括峰形参数在内，信息量加大，准确度就提高了。

全谱匹配方法最初是美国宾夕法尼亚大学地质科学系材料实验室的 Smith 等人提出的。其基本思路是直接使用衍射峰图来代替传统的 d-I/I_1 值列表。建立一个扫描范围规定为 2θ 从 5°至 75°，数据点间隔为 0.02°（2θ）的数据库。通过全谱拟合方法进行比对。

近年来，全谱拟合法作为第四代物相检索方法，这一方面得到很大发展。先进的物相检索软件不但有基于 d-I/I_1 值的物相检索方法，而且提出了全自动全谱拟合的技术。在 Jade9.0 软件中，已经能够自动搜索数据库并对衍射谱进行全谱拟合。不但可以自动完成物相的定性分析，而且可以粗略地得到各个物相的相对含量。这个定量结果在结晶优良的样品中，表现出比传统定量方法更加准确的特点。这是因为在全谱拟合寻找物相的时候，不再是单一地凭借 d-I/I_1 值，而是同时优化了晶粒尺寸、微观应变、择优取向等各种因素。

（3）X 射线衍射物相定量分析

混合物的粉末衍射图谱是各组成物相的粉末衍射图谱的权重叠加，各物相在混合物中的体积分数与比例因子 S 有关，因而可以用从 Rietveld 峰形拟合法求出的比例因子 S，通过比例因子 S 与质量分数的关系，求得该物相在混合物中的含量。

回顾Ⅰ册中式(4-50)，对于多相样品中的 j 相来说，其衍射强度可表示为：

$$I_j = \frac{1}{32\pi R} I_0 \frac{e^4}{m^2 c^4} \times \frac{\lambda^3}{V_{0j}^2} V_j \left(P F_{HKL}^2 \frac{1+\cos^2 2\theta}{\sin^2 \theta \cos\theta} e^{-2M} \right)_j \frac{1}{2\mu}$$

令

$$S_j = \frac{1}{32\pi R} I_0 \frac{e^4 \lambda^3}{m^2 c^4} \left(\frac{V}{V_0^2} \right)_j = K \frac{V_j}{V_{0j}^2} \tag{3-19}$$

而 j 相在样品中的体积是其质量与密度的比值：

$$V_j = \frac{m_j}{\rho_j} \tag{3-20}$$

$$V_{0j} = \frac{Z_j M_j}{\rho_j} \tag{3-21}$$

式中，M_j 为 j 物质的分子量；Z_j 为 j 物质一个单胞中含有的阵点数（例如，对于面心点阵来说，$Z=4$）。将式(3-20)和式(3-21)代入式(3-19)可得：

$$m = \frac{SZMV_0}{K} \tag{3-22}$$

而 j 相的质量分数为 j 相在样品中的重量 m_j 除以样品总重量。即

$$W_j = \frac{m_j}{\sum_i m_i} = \frac{(SZMV_0)_j}{\sum_i (SZMV_0)_i} \tag{3-23}$$

在精修过程中，S_j 是物相的标度因子，是一个精修的变量，而且通过晶体结构的精修，其他变量都可以被修正。因此，可以得到精确的定量结果。

当样品中含有非晶相或者未知相时，必须在试样中加入一种样品本身不含有的已知量的标样（S），如 Al_2O_3 等作为内标。此时混合物中已知结构的结晶相的含量（W_j'）为：

$$W_j' = \frac{W_S S_j' (ZMV_0)_j'}{S_S (ZMV_0)_S}$$

式中，W_S 代表内标物 S 的百分含量；S_S、Z_S、M_S、V_{0S} 分别代表内标物的比例因子、化合式分子单位数、化合式分子质量及晶胞体积。j 相在原始样品中的含量即为：

$$W_j = \frac{W_j'}{1 - W_S} \tag{3-24}$$

那么非晶相或未知相的含量（W_a）为：

$$W_a = 1 - \sum_{j=1}^{n} W_j \tag{3-25}$$

利用这种方法很容易解决样品中含有非晶相或未知相的定量问题。对于样品中的微量杂质定量或者非晶相定量具有重要意义。

应当注意的是，在计算体积的时候，使用了计算密度代替样品的密度，这样处理会引入一定的误差，但由于不同物相在同一试样中具有相似的微结构，误差会相互抵消，对最终结果不会有明显的影响。在实际定量计算时，还必须考虑样品微吸收的影响。微吸收包括来自体孔隙度和表面粗糙度的贡献，它不同于常规吸收，与散射角度有关，散射角越低，衍射强度降低越严重。

从以上讨论可知，通过全谱拟合精修进行定量，具有传统定量方法不可比拟的优点。

① 通过从初始给定的晶体结构开始进行修正，对晶体结构中的各个变量，如固溶原子种类、原子位置等作出了正确地修正，使计算公式中的单胞体积、单胞质量都得到精修，不再依赖于传统方法中的 RIR 值进行定量。或者通过这些参数的精修，重新计算出 RIR 值。这是 Rietveld 精修方法相较于传统定量方法的本质区别所在。

② 对衍射谱中的所有衍射峰进行拟合，从而减少了仪器因素、择优取向、消光等对结果的影响。而且拟合中所引入的校正模型能对这些影响强度和衍射峰位的因素进行有效地校正。实际测量的样品或多或少都会存在择优取向，通过精修可以有效地消除择优取向的

影响。

③ 峰形函数是可精修的参量，因此，峰形的变化、峰宽的变化不会影响定量的结果。经验证明，当晶粒尺寸或其他原因引起的峰宽变化时，物相真实的 RIR 可以相差 10 倍之多。这也是传统定量方法之所以不精确的主要原因之一。

④ 可以选择合适的衍射谱背景，通过背景函数的精修，可以得到正确的背景选择。

（4）微结构精修

从前面关于样品微结构的分析可知，多晶衍射峰形取决于设备和实验条件以及试样的微结构性质。样品的结构不完整性包括晶粒尺寸细化、内应力或组分非化学配比产生的原子间距变化、微孪生、堆垛层错和原子无序等。由于实验测得的峰形是各种因素卷积的结果，因此衍射峰形函数和峰宽参数是精修变量。

在传统的分析方法中，预先假定衍射峰形为某一形式，采用固定的公式进行计算。在 Rietveld 全谱拟合过程中，利用全谱所有的衍射峰，峰形函数有多种选择并且可以得到精修。晶粒形状不再固定于只能处理"球形"粒子，可以根据具体的样品设定晶粒形状为球形、椭球形或者更复杂的形状以吻合各种各向异形的样品晶粒。对于微结构的处理也可以设计不同的峰形函数。

在 Rietveld 全谱拟合法进行微结构精修时，一般都需要预先设定一个"仪器参数"。通常的做法是选用一种可视为标准的样品，测出其仪器曲线，通过对仪器曲线的拟合，得到仪器的各种参数（不限于仪器宽度，还包括仪器零点、峰形、强度等参数）。

由于精修时所选的峰形函数不同，或者半高宽项目不同，从而使微结构处理的公式也不同。

例如，若采用球形粒子模型，可以计算出平均晶粒尺寸和微观应变。如果晶粒形状是各向异形的，或者不同取向上的微观应变不同，则得到各个方向的晶粒尺寸和各个方向的微观应变。从而使得精修完成后，可以直接得到各相的衍射峰随衍射角的峰宽数据。因而，根据谢乐公式和 Hull 公式，可以计算出各物相的晶粒尺寸与微观应变。

具体的做法，在介绍相关软件时再作相应的介绍。

3.6 Rietveld 精修软件

从 1979 年 R. A. Young 等人发表第一个用于 Rietveld 分析的计算软件 DBWS 以来，已有很多类似的软件问世，但广泛被采用的主要有 GSAS、FULLPROF、BGMN、JANA2000、DBWS 等。由于 Rietveld 分析方法优化参数众多，而且是一个迭代过程，使得上述各程序都具有难于书写控制文件的缺点。正确地准备各种程序的控制文件是获得良好优化结果的前提，也是使用者应用这些程序的瓶颈。上述各程序中，由于开发年代较早，有很多都是 DOS 运行界面，图形显示功能差，运行速度慢，也给使用者造成了很大麻烦。

FULLPROF 是由法国晶体学家 Juan Rodríguez-Carvajal 等开发的用于 Rietveld 分析的 WINDOWS 应用软件，它具有强大的图形显示功能，使得程序运行过程非常直观。FULLPROF 程序构架在 WINPLOTR 运行平台上，这使得 FULLPROF 程序包的功能并不单一，如在 WINPLOTR 上还提供了 TEROR、ITO、DICVOL 等指标化程序以及 Le Bail Intensity Extraction 应用程序。但是这些功能与其他专门的应用程序相比还是有所欠缺，而且它并不包含晶胞参数精化程序和结构解析功能，因而它也是不完备的。FULLPROF 程序在进行

Rietveld 分析时，其控制文件 .pcr 的书写相当麻烦，而且参数众多，因此在 FULL-PROF2000 版中增加了一个应用程序 PCREDITOR，这使得 PCR 文件的书写结构化。FULLPROF 与其他 Rietveld 分析程序相比，是一个非常优秀的 Rietveld 分析软件。但是，对于初学者来说，毕竟不是一件容易的事情。

随着 Rietveld 方法应用越来越普遍，Rietveld 全谱拟合功能作为一个特殊功能模块嵌入到一些常见的衍射数据处理程序中。如 Rigaku 公司开发的 SmartLab Studio 软件就覆盖了 X 射线衍射、散射、结构精修以及解析结构的全部功能。特别是 Rietveld 法精修模块，可直接读取 ICDD 数据库中的晶体结构信息，具有图形可视化、界面统一化等特点，初学者特别容易上手和掌握。

Bruker 公司的衍射数据处理程序包中包含 Rietveld 全谱拟合功能 TOPAS，其功能也非常强大。帕纳克公司提供的软件包 High Score Plus 中也包含精修功能。

而 Jade 软件作为一款通用的衍射数据通用软件，虽然其总体功能不如 SmartLab Studio 那么全面，但是，其中的 "WPF Refine" 却如 SmartLab Studio 一样易学而且操作方便。

本着由浅入深、使初学者容易上手的原则，本书将介绍 Jade 软件中的 WPF（Whole Pattern Fit）功能、专业精修软件 Maud 操作。

3.7　讨论与实践

练习 3-1 讨论：什么是结构参数和非结构参数？它们对于衍射谱的贡献有什么区别？

练习 3-2 讨论：分析一下传统定量分析不准确的原因，在全谱拟合法中是如何解决的？

练习 3-3 讨论：请说明 PDF 卡片和晶体结构之间的关系和不同。

第4章

Rietveld精修实践(Jade)

前一章学习了 Rietveld 全谱拟合方法的原理，这一章学习通过 Jade 软件来实践这种方法的应用。学习内容包含两个方面：一是了解 Jade 软件精修的方法与特色；二是学会运用 Rietveld 方法来实现精修以达到实际应用的目的。

4.1 Jade 全谱拟合功能特色

（1）Jade 的精修模式

Jade 的全谱拟合功能作为其独立的一个模板，包括精修模块、晶体结构数据库管理模块和衍射谱计算模块。其中精修模块是精修操作窗口，执行精修操作；晶体结构数据库管理模块管理晶体结构数据库，具有添加、查询、转换晶体结构以及将晶体结构转换成 PDF 卡片的功能；衍射谱计算模块则可以读入外部的晶体结构文件（cif），计算出对应的衍射谱。三者有机地结合在一起，加上物相的检索功能，可以通过 PDF 计算卡片找到对应的晶体结构，同时也可以通过全谱拟合进行物相 PDF 卡片的检索。

Jade 有两种精修模式：结构精修和全图拟合。

结构精修：以物相的晶体结构为模型进行精修，是一个标准的 Rietveld 精修程序。可以用于计算晶胞参数、物相定量和微结构，而且可以修正晶体结构。

全图拟合：以 PDF 实验卡片信息（衍射峰位置和衍射峰相对强度）为模型进行精修，它仅是一个全图拟合程序，可以用于计算晶胞参数、物相定量和微结构计算（见图 4-1）。

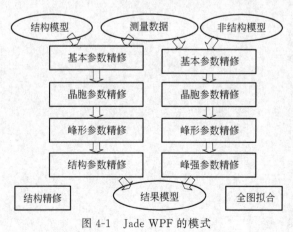

图 4-1　Jade WPF 的模式

由于 Jade 的物相检索与精修是贯穿在一起的，所以在作物相检索时，将所选 PDF 卡片分为两类，如下所示。

结构相：如果物相鉴定时，选定的是计算卡片，Jade 会以其晶体学数据库中的物相晶体学结构为模型对测量谱进行拟合，可精修晶体内部的原子位置变化和原子占位率的变化。

非结构相：若物相鉴定时所选 PDF 卡片为实验卡片，则以 PDF 卡片上的数据（$2\theta\text{-}I/I_0$）为模型，对所测衍射谱进行分峰。给定的初始模型中没有涉及晶体结构，因此仅可用于物相定量、晶胞参数修正、晶粒尺寸与微观应变计算，不可以反映晶体内部的原子位置变化和原子占位率的变化。

除此以外，如果 PDF 卡片库中没有找到对应的卡片，也可以直接读取外部 cif 文件作为结构相来进行精修。

（2）Jade 的精修指标

Jade 有自己独立的精修核心算法，评价标准不同于其他标准精修软件。它定义

$$E = 100\sqrt{\frac{(N-P)}{\sum I(o,i)}} \tag{4-1}$$

$$R = 100\sqrt{\frac{\sum w(i)\left[I(o,i)-I(c,i)\right]^2}{\sum w(i)\left[I(o,i)-I(b,i)\right]^2}} \tag{4-2}$$

式中，$I(o,i)$ 为拟合数据点（i）的测量强度（计数）；$I(c,i)$ 为该点的计算强度；$I(b,i)$ 为该数据点的背景强度；$w(i)$ 为该点的计数权重；N 为实验拟合的数据点数目；P 为可精修的变量个数。

R/E 称为精修的吻合度。

（3）操作简便，输出直观

Jade 将 PDF 卡片库和晶体结构数据库有机结合，可以直接读取晶体结构模型。所有精修步骤已经由软件安排，操作图形化，简单易学。

4.2　精修流程

利用 Jade 的全谱拟合功能，可以对测量数据进行全谱拟合及对晶体结构进行 Rietveld 精修。全谱拟合有时被称为 Pawley 方法，可以把它看做 Rietveld 方法的扩展，它也适用于晶体结构未知而具有良好的参考图谱和完备 $d\text{-}I$ 列表和及晶格常数的情况。这是 Jade 区别于其他结构精修软件的特点。对于结构已知的物相，使用完整的物理模型，可以进行 Rietveld 精修，得到非常精确的晶体结构的参数，允许调整原子坐标、占有率和热参数；对于未知结构的模型，也可以根据 $d\text{-}I$ 数据和晶胞参数对良好的图谱进行精修。两种方法的结合，能得到多相材料试样中各个相精确的晶体结构及相应的物相成分以及微结构参数。

下面以 Cu-CuO 多相混合物【04042：1：氧化亚铜 1.raw】为例，说明 Jade 中全谱拟合精修的操作步骤。

（1）分析物相

读入测量数据后，并分析出其主要物相组成为 Cu 和 Cu_2O 共 2 个物相（图 4-2）。

这里选择了 2 个计算卡片，它们对应着 2 个 CSD 结构（编号 43943，63281）。因此，后面的精修则为结构精修模式。

（2）进入精修界面

选择命令"Options｜WPF Refinement"，进入到"WPF Refine"对话框（图4-3）。

进入WPF窗口后，显示"2 Phase（s）Loaded"，表示读入了2个晶体结构。

在图4-3中按下"Calc"按钮，显示计算谱（上部曲线）和残差线。

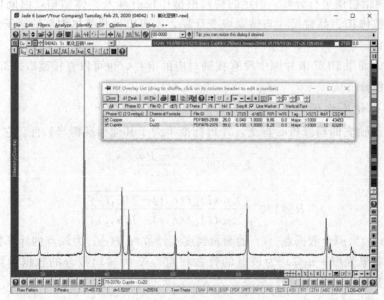

图4-2　样品测量图谱的物相检索

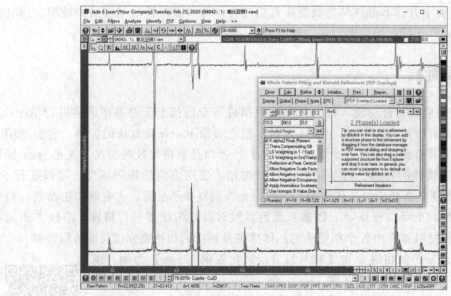

图4-3　全谱拟合精修的显示页面（Display）显示项目

（3）全局变量精修

图4-3中，单击"Global"，再按下"Refine"。可以看到计算谱和测量谱越来越吻合。残差线基本上已平（图4-4）。在"Global"页上显示"全局精修参数"。每个参数有如下5个项目。

勾选：每个参数前都有一个勾选项，勾选表示要精修该变量，不勾选表示该变量暂时不精修；

名称：每个参数都用一个简写的英文字母或数字字符表示。如"SD"表示样品位移（Sample Displacement），"Z0"表示仪器零点。

数值：变量名称后的方框中显示了变量的当前值，如果变量被勾选，精修过程中被修正。如果软件赋值不合适，随时可以输入新值进行重设。

EDS：改变量。

精修顺序：$1\sim n$。软件开始时默认进行 4 个循环的精修，并且规定指定参数的精修顺序。总循环次数可以通过箭头进行重新设置，最多 9 个循环。对于每个参数，操作者也可以根据需要自行设定精修顺序。

如果按下"Display"按钮，则会显示图中左边的界面。可以看到 R 值由 54.0% 逐步降到了 $6.93(E=1.77)$。

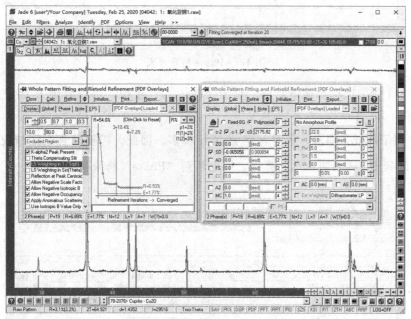

图 4-4　Global 精修和残差显示

（4）"相"精修

在图 4-4 中按下"Phase"按钮，进入 Phase 精修界面。这里用下拉方式显示各个物相及其参数。这些参数包括：晶胞参数、标度因子、含量、峰形函数、峰宽函数、织构等。每个参数都设置了勾选、数值以及精修顺序（图 4-5）。将鼠标放在某个变量上停留时，会显示出该变量的含义。

（5）"结构"精修

在图 4-5 中按下 ![按钮] 按钮后，显示图 4-5 左边的界面。这里显示了当前相的原子种类、每个原子的坐标 (x,y,z)、各向同性温度因子 B 和占位率 n。它们是可修正的参数。按下"All"可以勾选所有允许修正的参数（结构精修存在约束，不允许破坏晶体结构类型），所有允许精修的参数被精修。

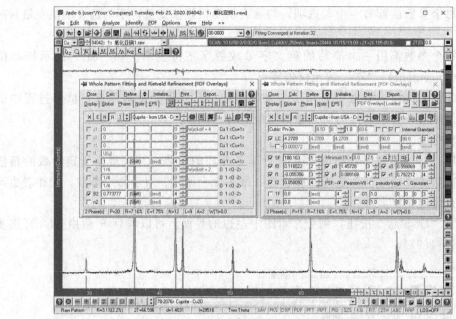

图 4-5　Phase 精修界面

　　当所有 2 个相的结构都被精修后，单击"Display"按钮，可以看到 R 因子进一步降低（图 4-6）。

　　虽然 R 因子降低了很多，但是，离 E 值还很多。因此，需要检查谱图情况。按下 ⊞ 按钮后，返回到图 4-6 右边所示的界面，即返回到"Phase"精修窗口了。

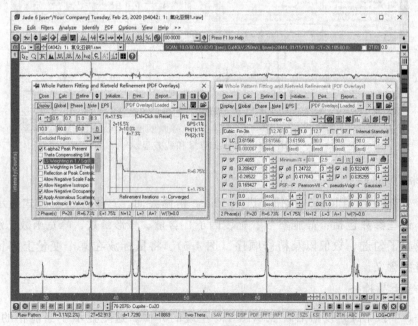

图 4-6　Phase 精修界面

（6）添加微量相

　　仔细检查谱图，发现图 4-7 中箭头所指位置有一个小衍射峰存在。经物相检索后发现是

CuO 的物相。检索新的物相时不必要离开精修窗口（图 4-7）。

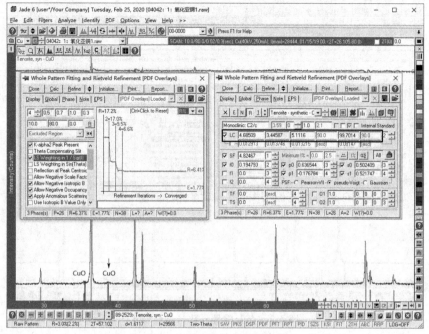

图 4-7　查看残差与晶胞参数

物相检索完成后，按下 按钮，新检索出来的物相被读入进来。至此，有 3 个物相参与精修。再次按下"Refine"按钮，则针对 3 个物相进行精修。

（7）查看与输出结果

至此，所有 3 个相参数基本上都修正了一遍。再修下去，没有什么其他收获了。现在可以查看精修结果了。

1）R 因子

R 因子随时可以通过点击"Display"来查看。Jade 设计了一个精修目标"E"，E 值的大小与测量数据的精度相关。包括衍射强度、图谱噪声、可精修变量数量等。图谱质量越高，E 值越小。因此，要得到好的精修质量，必须保证测量图谱的质量。

精修的目标是 R 因子接近或等于 E。越接近越好。一般认为 $R/E < 1.5$ 是非常好的结果。但是，有些情况例外，如定量分析时，并不需要 R 值太小，只有在晶体结构修正时才需要。另外，有时会看到 $R < E$ 的现象，这往往是因为图谱质量太差，E 的计算值较大导致的。

2）晶胞参数

各个物相的晶胞参数在"Phase"页显示。如图 4-7 中黑框内显示的一样，查看不同的物相的晶胞参数必须先选定物相名称。

3）标度因子与含量

标度因子 SF 和物相的质量分数也在这个页面显示。含量显示在晶胞参数的上一行，如图 4-7 中的"2.1"。即表示最后加入的这个物相 CuO 的含量占 2.1%。

含量也可以在"Display"页显示，在图 4-8 左边的图中，按箭头所指选中"Bar"则以柱状图显示各相的质量分数。质量分数可以用柱状图或者饼图显示。

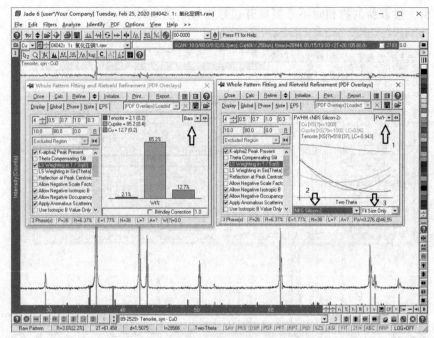

图 4-8　查看质量分数与晶粒尺寸

4）晶粒尺寸与微观应变

若在图 4-8 右边的图中单击"FWHM"（箭头 1），并按箭头 2 所指，选中"仪器宽度曲线"和"微结构类型"（箭头 3），则会显示各物相的衍射峰宽度曲线，并给出相应的晶粒尺寸或微观应变。

5）晶体结构参数

在 Phase 页面上，按下 ⊞ 按钮，则可以看到各个相的晶体结构参数。

这里通过一个 3 相样品，从物相检索开始到精修完成的全部过程。总体来说，操作流程就是：找出样品主要物相→精修全局变量→精修各个相的点阵参数、标度因子、峰形和峰宽→精修各物相的晶体结构→加入微量相→重复上面的步骤再修一次（或可省略某些步骤）→查看精修结果。

下面再对这些步骤作详细介绍。

4.3　物相的读入

（1）结构相与非结构相

所谓物相，在这里被分为两类。

一类是没有晶体结构信息的相，称为"非结构相"。例如，从 ICDD-PDF 数据库中检索到的大多数物相，这些物相有完整的 d-I 列表、晶胞参数和密勒指数。

第二类是 ICSD 物相，这些物相有详细的晶体结构参数，称为"结构相"。从 PDF 数据库检索到的一些物相，带有 CSD♯，这些物相的晶体结构参数将被作为理论谱图计算的模型。结构相可以是从 PDF 卡片库中检索到的某张卡片数据，也可以是从国际晶体学数据库（ICSD）检索到的晶体结构文件（cif），因此，它们与非结构相不同，它们的衍射数据信息是通过晶体结构计算出来的。两类相在精修过程中被精修的内容也会不一样，比如，非结构相的原子占位肯定不可能被精修。

　　Jade 与其他精修软件不同的是，可以单独使用或混合使用这两种相，使得被精修的对象更加广泛。

　　（2）物相的添加

　　在做全谱拟合精修之前，一般会检索出衍射谱中的全部物相，也就是说，做全谱拟合精修时，样品谱中不能含有"未知相"。在 Jade 的全谱拟合精修中，虽然可以同时使用非结构相和结构相，但最好使用结构相。

　　所谓物相添加，就是将衍射谱对应的物相添加到全谱拟合精修窗口中。可以有多种方法添加。

　　1）通过 S/M 检索物相到工作窗口

　　精修之前，一般都会先做物相检索，以鉴定出样品中的物相种类。这些被检索出来的物相将自动读入到 WPF 窗口。

　　选择这些物相的时候，建议首先选择带有 CSD♯ 的物相，这些物相的晶体结构将被读入到精修窗口；也就是选择计算卡片（C），这些计算卡片的晶胞参数被认为比实验卡片（1～54 组）更加准确。

　　2）读入 cif 文件

　　如果某个物相的结构是从网上查到，或者通过 FindIt 之类的软件查到，并保存成一个磁盘文件（cif 文件），可以直接将此文件拖到 WPF-R 窗口中。或者按下 WPF-R 窗口中的 ▣ 按钮，到磁盘上寻找和读入 cif 文件。

　　3）加入新检索相

　　如果在开始精修之后，重新做 S/M 操作，有新的物相加入到工作窗口，通过 WPF-R 的 Phase 页中的 ▟▣ 加入非结构相和结构相。

　　4）从 CSD 结构库中读入

　　按下 ▦，弹出 "Crystal Structure Database Manger" 对话框，按下 "Retrieval"，检索出 CSD 物相，选择一个物相，再单击窗口中的 ▣，则将选定的 CSD 物相读入。

　　5）从 XRD 模拟对话框中读入

　　按下 ▤ 按钮，弹出 XRD 模拟对话框，使用与 "4）" 相同的方法可以读入模拟对话框中的结构相。

　　6）读入一个衍射谱

　　如果多相样品中存在某个未知物相，无法得到它的 ICDD 或 CSD 卡片数据。但是，如果有该未知相的纯物质的衍射谱文件，则可以直接将此衍射谱作为一个物相读入进来参与精修。

　　7）读入指标化数据

　　如果样品为纯相，可以先做指标化，指标化后的数据可以作为非结构相读入。

　　综合运用这些物相的读入方法，原则上，对于任何样品都可以进行衍射谱的精修。与一般精修软件不同的是，对于读入的非结构相只能进行物相级的精修（晶胞参数、物相成分、晶粒大小和微应变计算），只有那些结构相才能进行晶体结构级别的精修（原子占位、键长、键角）。

4.4 精修参数设置

进入到 WPF 窗口后，可以看到图 4-9(a) 的操作界面。

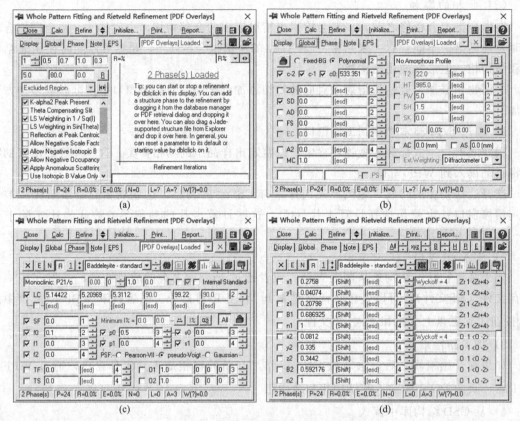

图 4-9　WPF 界面

（1）命令按钮

Close　Calc　Refine　Initialize...　Print...　Report...：从左到右依次是关闭，计算理论谱，精修，初始化，打印报告，显示和保存详细报告。

：最右侧的按钮则为晶体结构数据库管理和计算衍射谱。

：保存当前的精修控制文件或者打开一个已存在的精修控制文件。

（2）工作页面

Display　Global　Phase　Note　EPS：从左到右共有 5 个工作页面，依次是显示、全局精修、物相精修、记录、变量和误差。实际常用的是前三个页面，后两个页面用于观察和分析精修过程。

（3）精修控制参数

在图 4-9(a) 中，显示了精修控制参数选择框：1　0.5　0.7　1.0　0.3：

"1"：表示从第一轮开始精修。Jade 将全部精修控制在默认的 4 个循环内完成。若不希望再修正前面某个循环的参数，可以选择大于 1 的值。

"0.5"：最大参数漂移估计（EPS）。即最大的参数漂移与 esd（精修误差）之比。EPS=

0.5 时，表示如果所有可精修参数中最大的漂移小于其估计值 (0.5)，则可以认为精修收敛并将停止精修。因此，EPS 值设计得越小，可以精修得越好，也需要更多的精修循环及更长的精修时间。对于定量分析和晶格常数，可设 EPS＝0.5，而对于包含晶体结构参数的精修，要求 EPS＝0.3 或更小。

"0.7"：精修参数之间的相关性。0 表示两个变量之间没有相关性；1 表示相互完全依赖；而−1 表示一个变量的增大可以被另一个变量的减小而等效补偿。实际上，背景和峰形参数之间有大的相关性，特别是在窄数据范围和多相重叠的情况下相关性更大。因此，应当选择尽可能宽的数据范围、高计数率、尖锐的峰。

"1.0"：晶格常数变化的警告值。若设置为 1，则当某个晶格常数变化超过 1％时，会发出警告信息。在多相样品中，如果一个相的晶格常数变化太大，会覆盖其他相的衍射峰，造成定量分析的错误，即尽管看起来精修效果很好，但实际的定量结果不正确，通常称为"假收敛"。如果样品的固溶度大，且精修的目的是为了计算晶格常数，可以适当放大一些。

"0.3"：原子位置漂移，单位为 Å(1Å＝0.1nm)。当原子位置漂移超过 0.3Å 时，会以蓝色显示坐标变量的分数漂移。

（4）精修角度范围

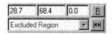

第一行显示精修的角度范围。当一个衍射谱的收集范围非常大而且低角度或高角度没有实际的衍射峰时，可以选择更小的范围来进行精修。或者低角度的背景变化剧烈时，也可以不加入精修。

第二行则可以剔除几个不希望精修的角度范围。按下右边的箭头，并在弹出的编辑框中以空格分隔的两个角度表示一个要排除的精修范围。输入范围时，两个角度之间用空格隔开。选中的范围将不被精修。

当样品中存在未知杂质相时，通过这个方法可以将其排除在精修之外。如果样品较纯，但有一两个杂质峰，可以用这种方法去除其影响。

（5）精修条件设置

图 4-9(a) 对话框左下部分是参数控制和显示窗口，有很多参数显示和控制。

• K-alpha2 Peak Present：包含 $K_{\alpha2}$。Jade 不允许在精修前扣除 $K_{\alpha2}$、平滑和扣背景。

• Theta Compensating Slit：当使用"可变狭缝"时选择。

• LS Weighting in 1/Sqr(I)：选中该项时强峰得到更高的权重。

• LS Weighting in Sin(Theta)：选中使高角度峰得到更高的权重。这在精修晶胞参数时有利，但不适宜于做定量分析。

• Reflection at Peak Centroid：如果不选，则以峰顶为衍射角，选中则以衍射峰中心为衍射角。这在精修晶胞参数时有可能更好。

• Allow Negative Scale Factor：如果不选，一些微量相可能在精修过程中被丢弃；有时为了保持这种微量相，而使之比例因子暂时出现负数，而在最后精修过程中自动将符号反过来而得以保留。在做含微量相的定量分析时这个选项可能起到关键作用。

• Allow Negative Isotropic B：不恰当的占有率和不正确的原子种类都可能导致负的各向同性 B 值。

• Allow Negative Occupancy：精修得到负的占有率可能表示从原子位置而来太多散

射，且可能是那个位置缺失了一个原子。

- Apply Anomalous Scattering：该选项使得在涉及非中心对称结构的精修中计算的反射数目加倍。如果反常散射小，为了加快精修速度，可以跳过该项。
- Use Isotropic B Value Only：仅使用各向同性 B 值。一般不选。
- Caglioti′s FWHM Function：当要精修 $2\theta > 130°$ 的衍射时可以选择。此时 $FWHM = t_0 + t_1 \tan(\theta) + t_2 \tan(\theta)^2$，而不用 $FWHM = f_0 + f_1 2\theta(c) + f_2 2\theta(c)^2$。
- Refine to Convergence：精修到收敛。只有选择此项时，EPS 的设置才有效。
- Damp Parameter Shifts：限制不同类型可精修参数在每个轮次中最大允许的漂移。

例如：为了让精修可以进行下去，允许在精修的中间步骤使温度因子 B 和原子占位率 n 为负值，并在最后一步时将其修正过来；残差计算时的权重因子可以选择 $1/SQRT(I_o)$ 或 $\sin(\theta)$。这些都可以由操作者自己重新设置。

4.5 全局变量精修

全局变量就是整个衍射谱的变量。这些变量必须在精修之前进行设置好。全局变量的精修见图 4-9(b)。

(1) 背景精修

通常在做 WPFR 之前不将背景扣除，而是将背景包含在模型中。

Jade 使用 Levenberg-Marquardt 方法，通过非线性最小二乘循环使"剩余误差函数" R 最小化。

$$R = \sum \{w(i)[I(o,i) - I(c,i)]^2\} \tag{4-3}$$

求和遍及测量图谱的拟合 2θ 范围数据点。$I(o,i)$ 是数据点 (i) 的测量强度；$I(c,i)$ 是计算强度；$w(i)$ 是该数据点的统计权重 $w(i) = 1/(I_o, i)$，但也可以使用外部权重。

$$I(o,i) = I(b,i) + \sum I(a,i) + \sum I(p,i) \tag{4-4}$$

式中，$I(b,i)$ 为背景强度，可以由用户设定为固定值或者从多项式曲线计算；$I(a,i)$ 为无定形峰的峰形强度；$I(p,i)$ 为结构相和非结构相的峰形强度。这就是说，计算强度由背景强度、非晶强度和晶峰强度构成。样品谱中既可以包含背景，还可以包含非晶峰（如果需要）。

1) 背景函数

如果没有给出背景曲线，WPF 则按下式计算背景强度：

$$I(b,i) = c_0 + c_1 T(i) + c_2 T^2(i) + \cdots + c_n T^n(i) + \frac{c_{-1}}{2\theta(i)} + \frac{c_{-2}}{2\theta(i)^2} \tag{4-5}$$

式中

$$T(i) = 2 \times \frac{2\theta(i) - 2\theta(s)}{2\theta(e) - 2\theta(s)} - 1 \tag{4-6}$$

式中，$2\theta(s)$、$2\theta(e)$ 为精修的起始角和终止角；c_{-1}、c_{-2}、$c_0 \cdots c_n$ 为可精修参数并根据测量的 2θ 范围初始化，n 最大取值为 9；参数 c_{-1}，c_{-2} 在要拟合的测量谱中随衍射角降低而背景线上升的背景时很有用。

2) 强制背景

如果背景不能利用多项式曲线建模，可以从两方面解决。

① 用 "Edit｜Trim Range to Zoom" 命令来截取测量数据, 以排除低角度和高角度区域。

② 使用固定背景。如果在 WPF 之前, 已经绘出了背景曲线, 则 WPF 按给出的固定 (Fixed-BG) 来计算背景强度 (图 4-10)。

全谱拟合精修是包含背景的, 因此, 强烈建议不要在做全谱拟合精修之前做背景扣除, 也没有必要做图谱平滑, 而应当保持测量图谱的真实性。

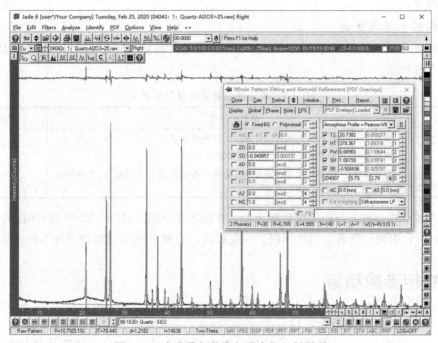

图 4-10 含非晶相的多相混合物衍射图谱

（2）无定形峰精修

当测量谱图中有明显的非晶峰存在时, 一种方法是提高背景函数的阶次, 以使非晶峰溶入到背景之中。其缺点是, 可能导致衍射峰强度被计入背景之中, 损失衍射峰强度。较好的方法是在非晶峰位置上插入一个或者几个非晶峰模型 (图 4-10)。

一个非晶峰用五个参数来描述, 见表 4-1。

表 4-1 描述非晶散射峰的五个参数

参数符号	参数	初始值
2T	衍射角 2θ	22°
HT	峰高	22°处的测量值
FW	半高宽 FWHM	5°
SH	峰形因子	峰形为 Pearson Ⅶ 时, 取 1.5; 峰形为 pseudo-Voigt 时, 取 0.5
SK	歪斜因子	0

非晶峰的峰形函数可选择为 Pearson Ⅶ 或者 pseudo-Voigt, 视拟合时 R 因子的大小而定。

图 4-10 显示, 非晶峰拟合的结果包括的非晶峰面积为 204007, 而 9.7% 则是非晶峰面积/(非晶峰面积＋衍射峰面积), 所以, (100-9.7)% 是相对结晶度。"2.79" 是人为输入的

一个参数，它是非晶相的 RIR 值（参比强度）。如果测量过这种非晶相的 RIR 值，可从这里输入，以便在输出结果时显示非晶相的质量分数。如果采用内标法定量，则 Jade 会重新计算这个值。

插入非晶峰时，建议使用固定背景（在做精修之前，标出背景线，必要的时候需要手动调整背景线位置，但不能扣除背景），否则，自动建模背景和非晶峰可能产生相互作用。

无定形峰还可以通过"极端宽化衍射峰"的方法来处理。关于非晶峰的处理后面都有实际应用来解释。

（3）样品和仪器校正

这些校正是根据仪器和样品的校正如表 4-2 所示，包括仪器零点偏移 Z0、样品位移 SD 和单色器 MS 校正。

表 4-2 仪器参数校正变量及其意义

参数符号	参数及其意义	精修顺序
Z0	测角仪零点偏移,该参数将使计算的反射移动 $\Delta 2\theta$	2
SD	样品偏移,该参数将计算的反射移动 $SDCos(2\theta)$	2
MC	单色器校正,该参数校正由于入射光束单色器引起的 X 光偏极化,当使用石墨弯晶单色器时,输入值 0.8003	4

还有其他一些参数，与衍射仪数据无关，在此不作介绍。另外，Z0 和 SD 不能同时作精修（同时被勾选），否则，两者会相互作用。一般来说，处理 X 射线衍射数据时不修正 Z0 值。

4.6 物相参数精修

物相参数精修页面见图 4-9(c)。

在 Phase 页上，有 3 类控制：①顶部是物相控制工具栏和 wt％分析及晶格常数的物相控制参数；②中部是物相的比例因子和峰形参数；③底部则是可以改变物相积分反射强度的"非结构"参数。

（1）物相选择与读入操作

在 Phase 页中，每个物相需要单独操作。下面是物相操作的按钮和功能。

X E N R 1 从左到右，这 5 个按钮的功能依次是删除一个相；排除一个相的精修；包含一个相，但该相不被精修；精修该相和仅精修该相。

例如，有一个物相含量较低，希望在初始阶段不参与精修。就可以按下"E"按钮，在精修时该相不被精修，当其他物相的参数都修正好了以后，再将其放开，加入到精修。这样有利于主要相的参数精确度。

‖ Baddeleyite - standard ▼ ▲▼：读入到精修对话框中的物相在此下拉组合框中显示，通过这一组按钮查看和选择待精修的物相。

▣ ▤ ✖ ▥ ▥ ◩ ▤：这一组按钮用于弹出原子精修对话框、显示结构相的晶体结构图、增加一个非结构相、增加一个结构相。而最右侧的按钮则会弹出一个"打开文件"对话框，可以通过"拖曳方式"将一个"cif"文件拖入到精修对话框中。

（2）wt％分析参数

SF：比例因子。该参数解释了混合物中 X 射线强度和物相浓度的变化。它与这两个变量的乘积呈线性关系。由于 X 射线强度对混合物中所有物相是相同的，因此，可以从 SF 和 RIR 值导出物相的浓度（wt%）。注意，对于结构相来说，Jade 重新计算物相的 RIR 值，而对于非结构相，直接采用 PDF 卡片上的 RIR 进行定量。因此，全图分解法的定量结果不如结构精修法的结果精确。

Monoclinic: P21/c | 0.00 | 0 | 1.0 | 0.0 | □ □ ☑ □ Internal Standard ：各个显示框和按钮的作用见表 4-3。

1   2   3 4   5   6   7 8 9 10

表 4-3 影响质量分数计算的精修变量

序号	精修变量
1	物相的空间群
2	物相的参比强度 RIR 值，结构相的 RIR 值被修正，非结构相的 RIR 是不可修正的值
3	RIR 值的变化
4	调节按钮
5	平均晶粒尺寸
6	物相的质量分数
7	勾选则通过已知物相质量分数计算 RIR 值
8	定量分析时不加入该相，例如加入的内标物相
9	是否显示内标物的质量分数
10	该物相定量分析时作为内标物质

（3）全局参数和物相参数

在 Phase 页中，峰形函数 PSF、p_0、p_1、s_0、s_1 应用于所有物相。其他参数都只应用于所选物相。

但是，如果按下了"All"按钮，对当前物相所做的改变也会被应用到所有物相以对多物相精修快速设置。

（4）峰形函数

峰形函数是所有物相共有的参数，Jade 提供三种函数（Pearson VⅡ，Psudo-Voigt，Guassian）选择。

至于选择哪一种函数，一种方法是对单峰拟合，得到更低的 R 因子。一般来说，Psudo-Voigt 能更好地拟合峰顶比较圆的情况，而 Pearson VⅡ 则更适合峰顶较尖的情况。

p_0、p_1：形状参数。设 $p_0 + p_1 \times 2\theta(c)$ 为 Pearson VⅡ 的指数，或者 Psudo-Voigt 中的混合因子。若固定 $p_0 = 0$，则 Psudo-Voigt 函数变为洛伦兹函数；若固定 $p_0 = 1$，则 Psudo-Voigt 变为 Guassian 函数。

s_0、s_1：歪斜因子参数。歪斜因子的计算公式为 $s_0 \exp[-s_1 \times 2\theta(c)^2]$。

X 射线衍射数据符合 Pearson VⅡ 和 Psudo-Voigt，而 Guassian 仅适用于中子衍射。

（5）半高宽精修

半高宽计算有两种函数可以选择：

$$\text{FWHM} = f_0 + f_1 \times 2\theta(c) + f_2 \times 2\theta(c)^2 \tag{4-7}$$

$$\text{FWHM} = t_0 + t_1 \tan[\theta(c)] + t_2 \tan[\theta(c)]^2 \tag{4-8}$$

对于常规衍射，一般选用前者，而后者是拟合非常高角度衍射峰的首选，此时，要在 Display 的参数选项中勾选上"Caglioti FWHM Function"。

如果物相的峰展宽显示各向异性展宽，则不能用这个函数来建模；如果该物相的反射数目小于 33，可选择精修单个的 FWHM 值，即点击 ⊡ 按钮。此时，若点击"EPS"按钮，则可看到各个反射的半高宽数据（图 4-11）。

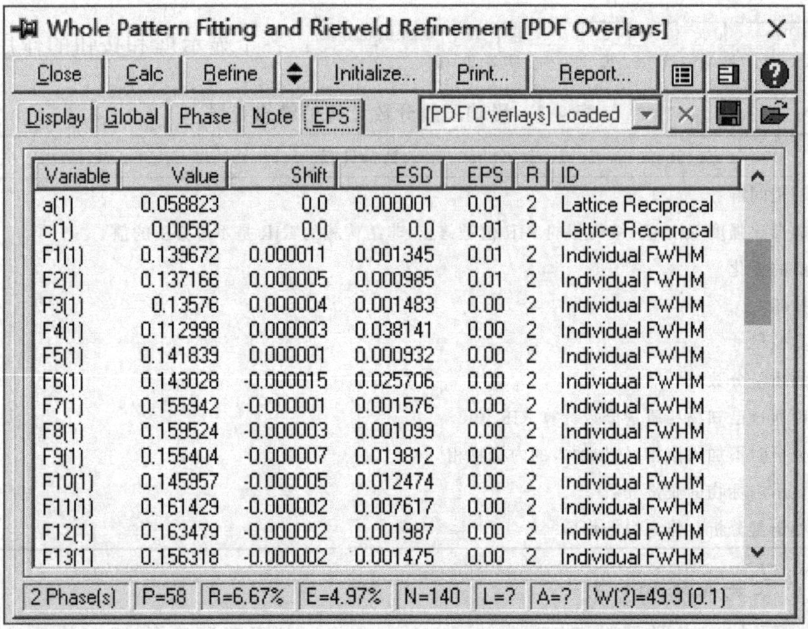

图 4-11 观察各个衍射面的半高宽（FWHM）等数据

（6）晶胞参数

LC：晶格常数。如果选中，则会精修该物相的六个晶格常数（$a,b,c,\alpha,\beta,\gamma$），同时在倒易空间中精修。根据晶格对称性，相关晶格常数会以灰色标出。反之，如果不勾选，则该物相作为计算晶格常数时的内标物相，其晶格常数不被精修。

（7）织构

O1，O2：择优取向校正。Jade 可以指定两个方向的择优取向。取值小于 1 时，表示该方向上有面织构择优取向，大于 1 则表示该方向上丝织构择优取向。当出现择优取向时，在其文本框中输入一个数据，然后以此为模型进行精修。

在 Jade 9 及其高版本中，对于织构的处理更加方便。可选择 mach orientation function 和 spherical harmanics function 两种函数来处理。

I%按钮：对于少于 65 个衍射线的非结构相，可以点击"I%"按钮精修每条衍射线的强度（即 I%）。如果初始 I%值被错误定义或精修的重要目的是确定精确的晶格常数，则该操作可以提高全局拟合特征。

按下键盘上的"Ctrl"＋█ 按钮，可以将一个结构相转变成非结构相。当一个物相的择优取向强烈而没有规律时，这个功能很容易把强度拟合好。

（8）全局温度因子和薄膜样品

TF：全局温度因子。该参数使得一个物相中所有原子的热振动统一起来。它提供了一种简单有效的模型以削弱高角度反射而不需要调整单个原子的热参数。如果精修的目的是质量分数 wt%或晶格常数，则该参数非常有用。

TS：薄样品的吸收校正。适用于薄膜样品或采用无反射样品架上的粉末层。对于低密度样品（如有机物）非常有用，但是，常规粉末样品不需要精修该参数。

4.7　晶体结构精修

（1）结构参数精修

在图 4-9(c) 中，按下 弹出结构相的晶体结构 3D 球棍模型图。按下 显示原子列表和可精修的参数，对于包含有原子列表的结构相，可以访问原子参数及其精修控制。见图 4-9(d)。各按钮意义和作用如下。

每个原子有 5 个参数可以精修，分别是 x、y、z 坐标，各向同性 B 和位置占有率（n）。

单击"All"按钮，或者单个地选择可精修的项目，就可以对所选项目进行精修。

xyz：只修正原子坐标；B：只修正温度因子；H：去除氢原子项；R：原子参数初始化；E：清除所有约束。

（2）参数约束

Jade 结构精修的约束条件写在显示如"Wyckoff＝4"所在列。需要自己编辑约束条件。

例如：两个原子的温度因子需要相同，则勾选第 1 个原子的温度因子（B1）精修，在第 2 个原子的温度因子（B2）处不勾选精修，而直接写上 B1。这样就使第 1 个温度因子修正的同时，使两原子的温度因子保持同步（B2＝B1）。

对于原子坐标也是如此。

若 n1、n2、n3 三个原子共同占有一个位置，则可使 n1、n2 精修，而设置 n3 为 1-n1-n2。当然也可以有更多其他的设置，根据需要来设计。

（3）编辑晶体结构

在此对话框中不允许改变原子的种类。改变原子种类可以按下对话框右上角的 按钮或者通过"Options｜Calculate Pattern……"弹出 XRD 模拟对话框（图 4-12）。在此对话框编辑原子列表，然后再添加到精修对话框中。

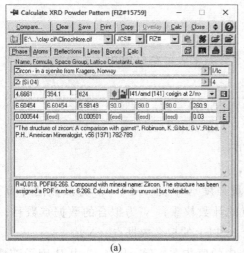

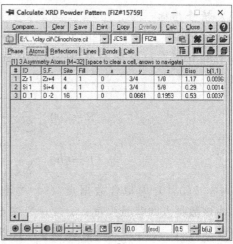

(a)　　　　　　　　　　　　(b)

图 4-12

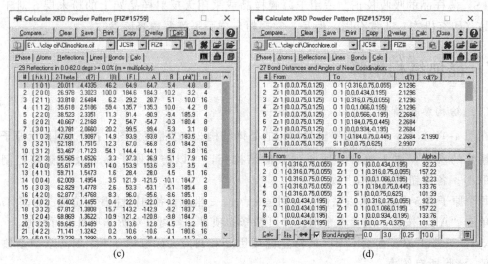

图 4-12　晶体结构编辑窗口

图 4-12(a) 显示了当前物相的基本性质。图 4-12(b) 显示了晶体结构中各原子的参数。单击窗口左下角的"＋""－"按钮，可以添加或者删除原子。如果需要修改原子的类型，可以在表中直接改正。图 4-12(c) 则显示了该物相的反射列表。图 4-12(d) 显示了该物相的键长和键角数据。

对新物质或者固溶体的结构精修时，往往找不到完全匹配的晶体结构。Jade 允许在图 4-12(b) 中进行结构编辑，以满足精修的需要。编辑结束，返回到图 4-12(a)，按下 ▦ 按钮，则将编辑过的新结构读入到 WPF 窗口。

在其中一个窗口中按下"Save"按钮，可以将当前的数据保存为 PDF 卡片数据，或者保存为 CIF 文件。

4.8　精修显示与结果输出

(1) 精修指标

1) 吻合因子

在 Jade 中，用权重 R 因子和期望值 E 两个参数来表示精修成功。

其中：

$$R = 100 \sqrt{\frac{\sum w(i)\left[I(o,i) - I(c,i)\right]^2}{\sum w(i)\left[I(o,i) - I(b,i)\right]^2}}$$

$$E = 100 \sqrt{\frac{(N-P)}{\sum I(o,i)}}$$

式中，$I(o,i)$ 为拟合数据点（i）的测量强度（计数）；$I(c,i)$ 为该点的计算强度；$I(b,i)$ 为该数据点的背景强度；$w(i)$ 为该点的计数权重；N 为拟合的数据点数目；P 为可精修参数数目。求和遍及所有在拟合的背景 2σ 以上的拟合数据点（N）。

R/E 称为精修的吻合度，理论上理想精修中的值非常接近。图 4-13 中 R 因子随精修的进行逐步减小而逼近 E 水平线。

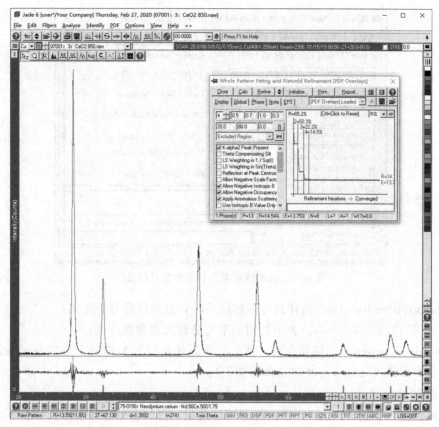

图 4-13　精修指标变量（R，E）的显示与观察

2）平直差异绘图

这是在缩放窗口中绘出 $I(o,i)-I(c,i)$，应仔细检查它，该图上任何大峰可能表明结构模型不适当或缺少物相。

3）有意义的背景模型

不合适的背景曲线在某些精修中可能是精修失败的主要原因。在峰形或无定形峰形严重重叠的数据区域，多项式曲线有可能在测量强度之上或之下。在有些情况下，应当避免这些问题。可通过选择低阶多项式或在精修中排除低角度区域和高角度区域的方法。

4）实际衍射峰峰形

在多相精修中，一个物相的峰形可以展宽从而吸收其他物相的峰形，甚至导致物相缺失，特别是在没有约束或初始化不正确的情况下，当物相之间或峰强度很低的物相发生严重重叠峰形时，不能精修峰形参数 f_0、f_1。

（2）精修报告

按下"Report"按钮，弹出一个菜单，见图 4-14，菜单命令如下。

Create New Report：建立一个精修报告文件，扩展名为".rrp"，可以用记事本软件打开。

Show Output Options：显示报告输出项目（与其相反的显示是 Hide Output Options）。当命令被选择后，精修窗口左下角的显示会发生变化，显示出可以输出的各种项目，其中主要包括以下内容。

① Lattice Constants：物相的晶胞参数；

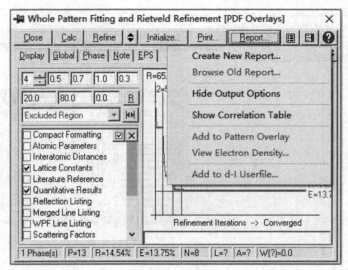

图 4-14　输出精修报告和报告项目的选择

② Quantitative Results：当样品为多相物质时，显示定量分析结果；

③ Size & Strain Analysis：各个物相的平均晶粒尺寸和微应变；

④ Profile Parameters：精修参数。在包含非晶相的样品精修时，可以显示非晶相的积分强度与总积分强度之比（与相对结晶度相关）。

（3）打印精修报告

按下精修窗口上的"Print"，弹出打印项目菜单。打印输出的报告形式如表 4-4 所示。

表 4-4　打印输出的报告形式

选项	输出内容
Lattice Constants	打印晶胞参数
Quantitative Results	打印定量结果
Size & Strain Analysis	打印晶粒尺寸与微应变
Unit Cell and Weight%	打印晶胞参数和定量结果

例如，选择了"Unit Cell and Weight%"命令的打印结果，将打印图 4-20 的结果。

4.9　Rietveld 精修的应用

下面通过几个实例来说明全谱拟合精修在定量分析、晶胞参数精修、微结构分析和晶体结构精修方面的应用。在进行操作时可能谈到一些操作方法与技巧。通过这些实例操作以掌握 Jade 全谱拟合方法的操作要领。

4.9.1　定量分析

（1）亚稳态氧化钛的多相混合物定量分析

应用：亚氧化钛通常都为几种价态的物相组成，这些亚稳态物相的共同特点是原子坐标、占位率都可能变化较大。这些变化导致衍射强度的变化，因此，晶体结构的修正成为其精确定量的必要工作。

操作步骤如下。

1）物相确定

数据文件保存在【09001：8：KTiO. raw】。打开文件，进行物相分析。物相结果为 Ti_4O_7、$Ti_{10}O_{18}$ 和 $K_{1.04}Ti_8O_{16}$，共 3 个物相，物相鉴定时选择计算卡片。

2）进入精修

按下菜单命令"Options｜WPF Refinement"，打开全谱拟合精修对话框。

图 4-15 中，窗口显示 3 个物相已被读入。窗口左侧显示了精修参数控制和一些可选参数。这里选择了"LS Weighting in 1/Sqr（I）"而不选"LS Weighting in Sin（Theta）"，即高强度峰，有更高的权重。

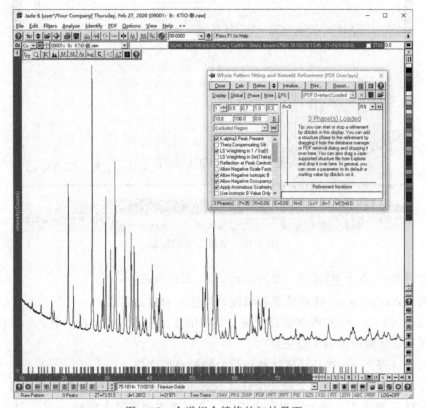

图 4-15　全谱拟合精修的初始界面

3）精修全局参数

如图 4-16 所示，全局精修主要如下。

① 背景精修：由于低角度有较高的背景，因此，选择精修了 C-1 和 C-2。

② 样品位移（SD）：这里包含的峰数很多，因此，同时进行了精修。

③ 单色器效应（MC）：这里没有精修。

由于样品不含有非晶相，因此，没有进行非晶峰精修。

4）相参数精修

如图 4-9（c）所示，相参数精修包括：

晶格常数（LC）——每个物相都需要精修晶格常数。

峰形函数（p_0, O_1）——可以在三种函数中选择，试着观察选择哪一种函数时 R 值更低。

半高宽（f_0, f_1, f_2）——统一规定半高宽函数，如果要单独精修某个物相的各个峰（无

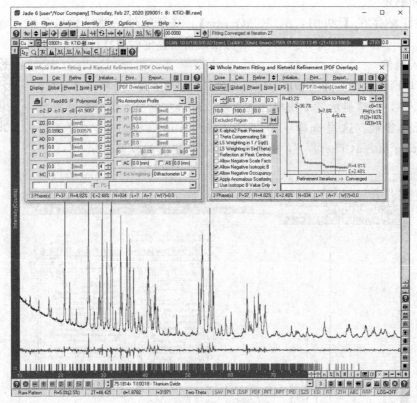

图 4-16　全局变量的精修

规律变化的情况），按下 ⊟ 按钮，此时，f_1、f_2 变成灰色。

歪斜因子 (s_0, s_1)——峰形的歪斜情况，勾选上为自动精修。

温度因子 (TF)——在做定量分析时，可以精修。但不应当出现负数。如果出现负数表示峰形函数不适宜做温度因子修正。

标度因子 (SF)——这是计算物相质量分数的重要依据。

具体操作过程是，一个一个地选择好读入的各个物相，对每一个物相都要做一遍这些修正，同时观察 R 值变化，如果出现反向增大，应当考虑放弃某个精修。

⊟ 按钮适用于物相的峰宽不成规律变化的情况下（不能用常用函数来表示的情况），而独立地精修每一个峰的宽度。精修后，按下 ▦ 按钮，可以观察该物相每个峰的半高宽。在多相混合物的半峰宽精修时要注意，当峰形重叠严重时，有时一个物相的峰会展得很宽而占用了其他峰的面积，给定量分析带来额外的误差。

5）晶体结构精修

对于结构相，按下 ▦ 按钮，弹出晶体结构精修参数对话框（图 4-17）。

这里，每个原子由五个参数构成，包括原子坐标 x、y、z，各向同性 B 和占有率 n。这些参数都可以选择精修。

有些参数是相互关联的，因此，只需要修正其中的一部分，另一部分与之相同。因此，这些位置上是灰色的。有些参数之间也可能存在某种关系。可以用方程式形式来确定这种关系。

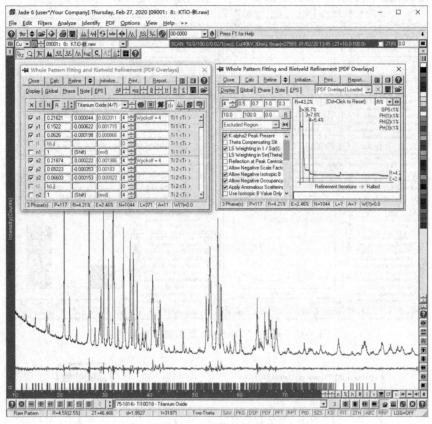

图 4-17　晶体结构精修

应当说明的是，在这种可视化的精修过程中，并不是每一个样品都这样按部就班地一步不漏地做下去，要是这样就不需要人工干预精修过程了。精修过程之所以不能自动化地完成，就是因为，在精修每一步时，都要仔细观察拟合的好坏，发现哪个位置或哪个物相没有精修好，就只对这个物相精修。

如果某个物相的峰已经拟合得非常好了，就不需要作进一步的精修了，并非每个物相都需要从晶体级到原子级一个一个地精修。

应当注意到，经过晶体结构修正后，其 R 因子已经接近 E 值。精修完成。

6）观察与输出结果

① 观察结果　在任何精修时候，都可以按下"Display"来观察精修的情况。默认显示的是 R 因子的下降过程，见图 4-18。

若按下"R%"右侧的下拉按钮，可以按"饼状"或"柱状"显示各物相的质量分数。

如果选择显示"FWHM"，则会显示各个物相的半高宽。在选择了"FWHM"后，窗口的下端可以选择"仪器半高宽曲线"和峰形宽化类型（Size，Strain，Size & Strain）。黑色的曲线是仪器宽度曲线，各个物相的衍射峰宽度曲线有各自的规律。选择 Size/Strain 则显示相应的结果。

② 输出 RRP 文件　在正确选择好了要输出的结果项目之后，按下"Report | Create New Report"，就可以简单地输出结果为"RRP"文件。RRP 文件可以用记事打开，如图 4-19 所示。

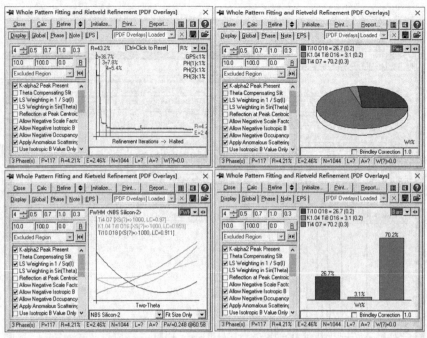

图 4-18　通过"Display"页面观察精修结果

图 4-19　精修报告包含的内容

　　应当注意到，RRP 文件的输出选项非常多，可以选择必要的输出项。基本的输出项包括 4 个：各个物相的晶胞参数、定量分析结果、晶粒尺寸与微应变、衍射数据。衍射数据表中包含衍射角、测量强度、计算强度、差值、背景。这一组数据可用其他软件来绘图。

　　③ 打印输出　调整好显示内容和方式（饼图或柱图），并且勾选上 "Brindley Correction"（微吸收校正）后，按下 "Print"，并选择需要的报告（晶胞参数，质量分数，晶粒尺寸与微观应变，晶胞参数和质量分数），就可以将结果打印出来。打印精修报告如图 4-20 所示。

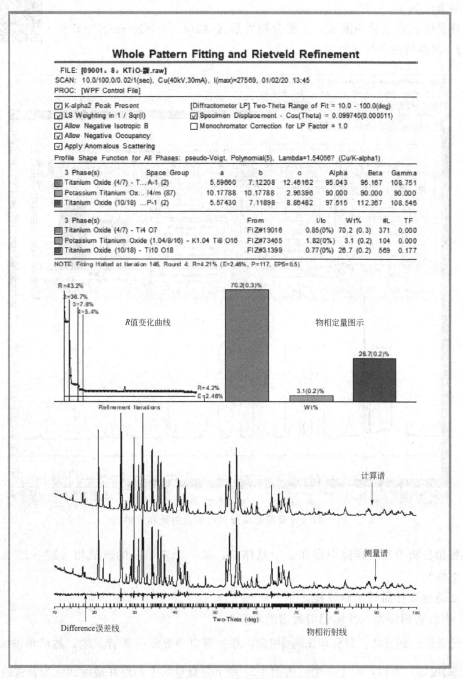

图 4-20　打印精修报告

本报告中，显示了晶胞参数、质量分数、R 值变化和精修图谱。精修图谱中包含测量谱、计算谱反射标志和 Difference 误差线。

在这里，详细介绍了 Jade 全谱拟合的基本操作步骤。通过这个分析的练习，应当可以掌握 Jade 全谱拟合的基本操作要领。在后面的分析过程中，可能会省略掉一些基本操作。

（2）内标法定量分析

应用：一个玻璃样品经高温析晶（α-Quartz），定量出析晶的质量分数。

实验方法如下。

在样品中加入定量的刚玉，经混合均匀后【04043：2：Quartz-Al2O3＝30.raw】，测得衍射谱图（图 4-21）。

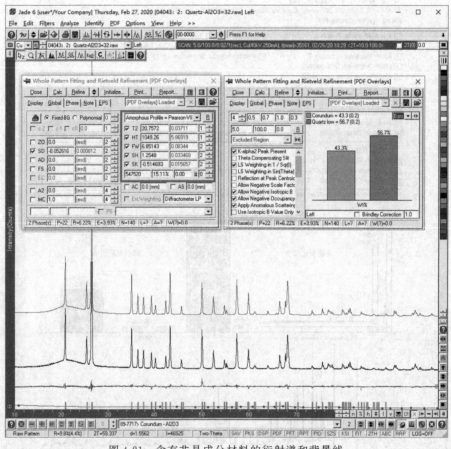

图 4-21　含有非晶成分材料的衍射谱和背景线

经物相分析可知，样品中存在 2 个晶体相，和一个未结晶的玻璃相（$2\theta=22°$处有一个非晶散射峰）。

下面是对该样品的精修过程。

1）作出物相检索，并标记衍射谱的背景线

标记背景线的方法：鼠标单击 BG 按钮，在主窗口中显示一条背景线，然后单击编辑工具栏中的 按钮，最后，一个一个点击图 4-21 最下方背景线上的点并拖动到认为合适的位置。

确定背景线的一般原则是：①背景线为抛物线，在 $2\theta<10°$ 的低角区，会随衍射角增大

而较快地降低，然后，随着衍射角增大没有太大的变化；②整个背景线不能出现忽上忽下的急剧变化；③背景线应稍低于衍射谱的最低点，不得与测量谱线交叉。

注意，这里只是标记出背景线，并没有扣除背景。这是因为两个方面的原因。一方面可能背景线定义并不一定合适，在标记而未扣除的情况下，随时可以重新修改背景线。另一方面的原因是在全谱拟合的强度计算中，本身就包含背景强度，不应当扣除。

如果图谱没有非晶峰，或者背景线比较简单，不必自定义背景线。

2）设置非晶峰形

按下"Options｜WPF Refinement"进入全谱拟合精修窗口，选择"Global"页，如图4-21 左窗口中所示，设置非晶峰形参数。

非晶峰形函数一般选择 Pearson Ⅶ，默认的峰顶（$T2$）为 22°，峰高（HT）会自动读取，峰宽（FW）为 5°，SK 为峰形的歪斜因子，SH 为峰形函数的系数。这些参数初始值一般都不需要修改即可进行下一步的精修。

3）精修全局参数

先按下"Calc"，得到计算谱的初始值。然后，图 4-21 左窗口中所示，精修 SD。

有时，由于非晶峰的可调参数太多，会明显地变成一个不恰当的尖峰，这时，可修改非晶峰的峰顶数据和峰宽数据，并固定它们（即不勾选它们），在其他参数精修完成后再对它们精修。

4）物相精修和查看结果

待全局参数精修完成后，完成各个物相的精修，可以得到很好的精修效果。

图 4-21 中显示了在不考虑非晶相存在的情况下，2 个晶体相在样品中的相对质量分数。

图 4-21 中显示的结果并没有反映实际的情况。实际上，是往原始的样品中加入了 30％的 $\alpha\text{-}Al_2O_3$ 作为内标相。

在图 4-22(a) 中，设置 $\alpha\text{-}Al_2O_3$ 为内标相（勾选 Internal Standard 前的 2 个选项，并在Wt 位置输入其加入量 30％），得到混合物中各物相的含量图 4-22(b)。这个结果反映了混合物中 3 种组分的真实情况。

在图 4-22(c) 中去掉一个勾选项，将 $\alpha\text{-}Al_2O_3$ 归于未知相和非晶相图 4-22(d)。应当注意到图 (d) 和图 (b) 的 2 个结果中，Quartz 的质量分数并没有变化。即是说，两个结果中，Quartz 的质量分数还不是原始样品中真实的质量分数，而是混合物中的质量分数。两个结果的唯一区别是图 (d) 将 $\alpha\text{-}Al_2O_3$ 归于未知相和非晶相中。如果想得到原始样品中Quartz 的质量分数，应当使用式(4-24) 重新计算出来：

$$W_j = \frac{W_j'}{1-W_S} = \frac{36.7}{1-0.3} = 52.4\%$$

在内标法计算中，非晶峰的积分强度计算出并显示于图 4-22(e) 中，显示值为 553201。它与整个衍射谱的积分强度之比为 15.24％。也就是说，该混合样品的相对结晶度为（100－15.24）＝84.76％。这个值也不是原始样品中的数据，而是混合物中的数据。

这里还有一个有意思的数据。在计算过程中，把未结晶物质当作一个物相来处理，从而得到非晶相的 RIR 值为 7.26，见图 4-22(e)。对应于图 4-22(f) 的结果，其 RIR 值为13.79。注意，13.79 为真实值。

这个 RIR 值很有意义。当有批量的相似样品需要定量时，只需要选择其中 1 个样品加

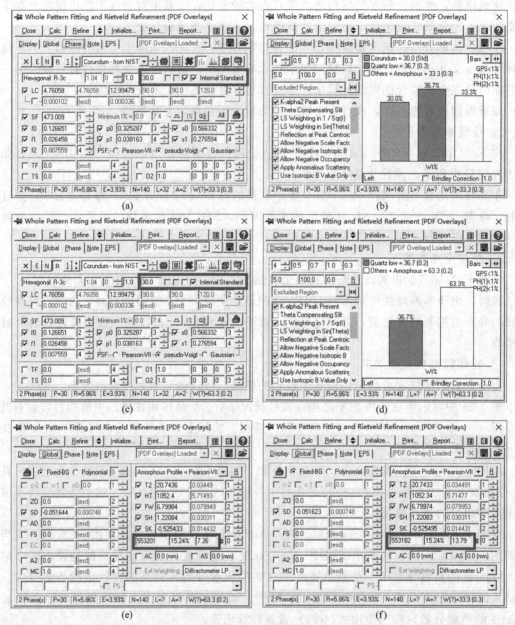

图 4-22　内标法定量结果

入内标物质，计算出非晶相的 RIR 值。其他样品不再需要添加内标物质，直接测量其图谱，在精修时输入非晶峰的 RIR 值，就可以完成精修定量。

处理这种问题的关键是在精修之前要选择合适的背景线（但不扣除），精修全局参数时选择背景函数为 Fixed-BG 而不用 Polynomial。如果不固定背景线，在精修时非晶峰与背景线会相互作用，不可能精修好。

背景线的选择非常关键。一定是选用固定背景，而且每个样品的背景线选择必须完全一致。因为背景线选择不同，背景强度就计算到非晶峰强度之中。

如果样品中存在几个非晶峰，还可以多选几个非晶峰，每个非晶峰从 0 开始编号。

如果精修本身对非晶不感兴趣，可以将非晶峰作为背景的一部分，只计算结晶相的相对含量（图 4-21）。

（3）无标法定量分析

这里，不妨放开一种新的思路，假如晶体和非晶体的分界是模糊的，也就是说，不能完全区分多大尺寸的晶粒会是晶体而小于这个尺寸就是非晶体，那么，假定用一种晶体结构来模拟非晶峰也是可以的。

应用：一个样品中含有晶体和非晶体，采用不加入内标的方法来做出包含非晶相在内的定量分析。【09007：含非晶相 ZnO＋CaCO3＋Al2O3：25. raw】

下面来完成这个分析并进行验证。

1）添加物相

如图 4-23 所示经过物相定性分析发现，样品中含有 3 个晶体相，另外，还含有非晶相。

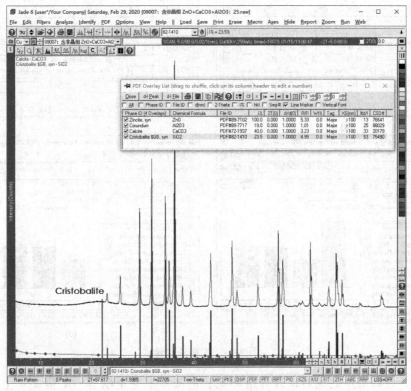

图 4-23　内标法定量结果

经过物相衍射峰位置的对比，发现方石英（Cristobalite）的主峰位置与非晶峰的位置基本吻合。将它加入到物相列表。这样，一共有 4 个物相参与精修，其中方石英代表非晶相。

2）确定背景线

这一个操作非常重要。在含有非晶相的物相定量工作中，都要预先确定背景线，背景线的确定对于定量结果的正确性尤其重要。在本例中，选择直线背景，如图 4-23 所示。

3）修改方石英的峰宽

进入 WPF 窗口之后，立即修改方石英的峰宽允许。如图 4-24（a）所示，先按下 "All"

按钮，使各个物相的参数设置不同步。

然后按下"![9]-[凸]"右边的按钮，这样就可以修改方石英的峰宽最大许可值，并在左边的方框内输入方石英峰宽的最大许可值"9"（其他较大的数值也可以）。

4）精修各个参量

接下来，按照正常的步骤精修各个参量。会发现当修正方石英的晶体结构后，R 值会降得比较快，非晶峰的吻合度提高。这是因为通过方石英晶体结构的精修，可以调整计算非晶峰的峰顶角度。

应当注意到，此时方石英的"![9.0]-[凸]"按钮变成了灰色不可调图 4-24（b）。

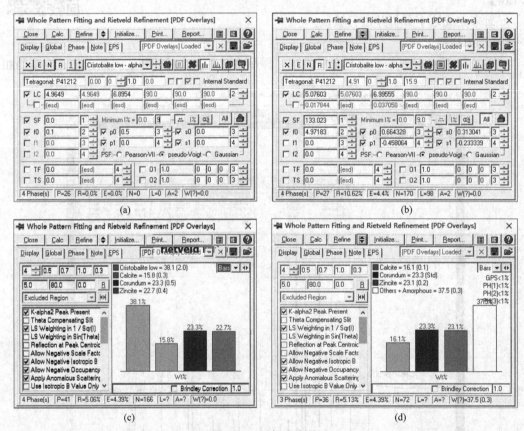

图 4-24　无标法定量

当所有参数都调整完成后，计算谱和实验谱基本上完全吻合。R 值基本上等于 E 值。观察定量结果，得到方石英的含量为 38.1%，而刚玉（Corundum）的含量为 23.3%。

5）结果验证

现在，图 4-25 中右边 WPF 窗口所示，将方石英的物相从 WPF 中去掉。并且设定刚玉为内标相，输入它的量为 23.3%。再如左边 WPF 窗口所示设定一个非晶峰。

精修完成后，得到图 4-24（d）所示的结果。

比较图 4-24（b）和图 4-24（d）的结果发现，两种方法定量的结果相差 0.6%。其原因并不在于两种方法的差异，而是因为对非晶峰的拟合一般都不可能像晶体峰那么精确，往往对于非晶相的定量都会出现一定的误差。

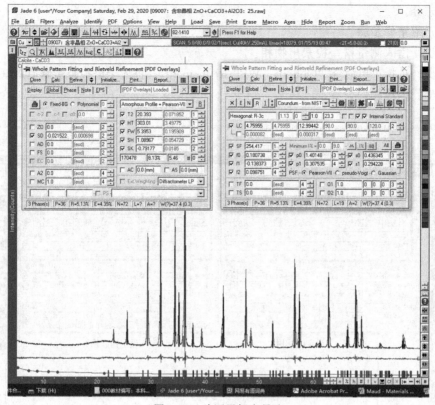

图 4-25　验证无标定量法

　　最后要说明的是，这是一种全新的思路，这方面的成果也有很多发表并得到承认。这种方法在 Maud 软件中也是可用的。

4.9.2　晶胞参数精修

　　任何样品都必须经过晶胞参数的精修。晶胞参数本身是一个精修变量。但是，它又不是一个独立的变量。当其他参数修正后，晶胞参数也会随之改变。

　　在这一节中，专门介绍内标法精修晶胞参数的方法和指标化后的精修。

　　（1）内标法晶胞参数精修

　　应用：锂离子正极材料 Li_2MnO_4 的晶胞参数是其性能的表征指标之一。用内标法精修 Li_2MnO_4 的晶胞参数

　　实验方法如下。

　　样品为电池正极材料 Li_2MnO_4，【09004：LiMnO2＋Si.raw】属于立方晶系。一般用晶胞参数的变化来表征离子混排。

　　样品研磨达到 10um 左右，在样品中加入一定的标准 Si 粉混合均匀。用 0.02° 或更小的步长，测量出混合物的衍射谱。

　　注意： 晶胞参数精修的数据比普通常规分析的要求高，计数时间的设置以强度达到 20000Counts 为准，强度不能太低，也没有必要太高。采用薄层样品。扫描范围最好达到 130°。最好采用毛细管样品，或者旋转样品台以减小样品的择优取向。同一样品在不同的狭缝条件下，或者在另一台衍射仪上做出来，宽度是不相同的。不能用太大的狭缝，导致衍射峰分离不充分。

下面介绍精修步骤。

第1步：读入测量谱，检索出物相。

第2步：选择菜单命令"Options｜WPF Refinement"，进入全谱拟合精修窗口（图4-26）。

第3步：内标相的设置。

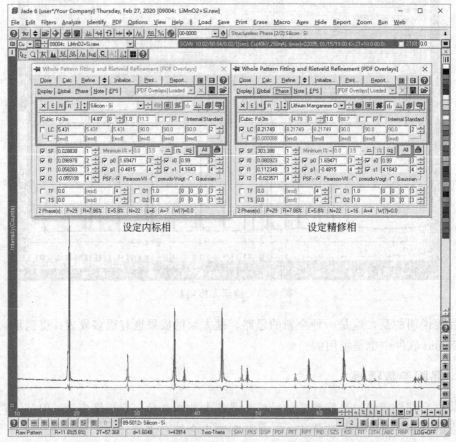

图4-26 内标法精修 Li_2MnO_4 的晶胞参数

在图4-26左边的窗口中，单击"All"按钮，使之弹起来。"All"的作用是使各个物相的参数同步精修。

再在物相名称的下拉列表中选择"Si"相，将"LC"前面的勾选项去掉，以保证不会改变Si的晶胞参数。即用内标物质Si的晶胞参数来校正仪器的误差。

然后，再在图4-26右边的窗口中，选择物相 Li_2MnO_4，并勾选上"LC"，以使其晶胞参数被精修。

其他操作没有什么特殊，在此不再赘述。

（2）未知物相的晶胞参数精修

在前面已经介绍了未知物质的指标化方法。对于一种新物质，指标化完成后，其结果是有多种选择的。指标化完成后，可以进一步进行晶胞参数的精修。精修的作用一方面可以验证指标化结果的正确性，如果指标化结构不正确，则精修的结果不会理想；另一方面，指标化结果正确的情况下，可以精确计算出其晶胞参数。

应用：某种仿制药【06005：indexingRing-146. raw】，需要确定其晶型和晶胞参数。

实验方法如下。

用步进扫描方式慢速扫描一个衍射角范围大的衍射图谱，一般选择步长 0.01°或 0.02°。扫描范围＞130°。样品必须是纯物质。

数据处理步骤如下。

第 1 步：寻峰。

检索物相发现无对应的 PDF 卡片，为一种新物质。对图谱寻峰，仔细检查寻峰结果的正确性，不要出现错误或漏掉衍射峰的标定。

第 2 步：指标化。

选择菜单命令"Options—Indexing"命令，在图 4-27 中勾选上"Monoclinic"及前面各晶型项。得到指标化的结果。

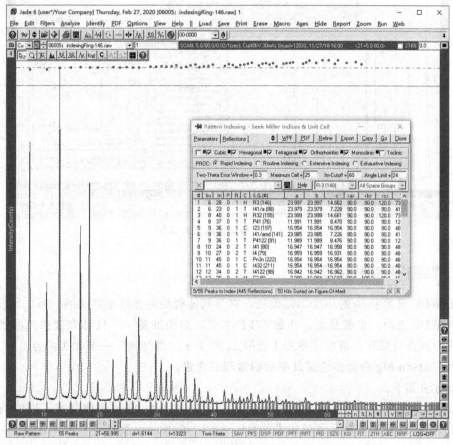

图 4-27　指标化结果

在图 4-27 指标化结果列表中，选择第 1 个结果，空间群号 146。按下窗口中的"WPF"按钮，进入 WPF 窗口（图 4-28）。

第 3 步：WPF。

可以看到，对指标化结果以无结构相模式精修。对强度自动选择择优取向校正（图中的 I% 按钮被按下）。精修 R 因子为 6.52，非常接近 E 值 4.5。说明指标化结果是正确的。

此时得到其精修后的晶胞参数（图 4-28）。

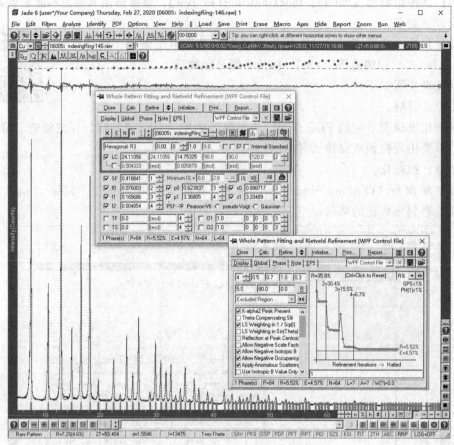

图 4-28　指标化结果的精修

4.9.3　微结构与织构精修

由于 WPF 只是 Jade 的一个功能模块，它与其他模块的参数是共享的。所以，仪器参数也应用到 WPF 之中。也就是说，在做 WPF 之前，必须准备一个仪器宽度曲线参数。仪器宽度曲线的制作与保存，请参阅本书Ⅰ册第 11 章关于"微结构"一节相关内容。

应用：Al-Zn-Mg 合金多通道轧制后的微观应变量。

实验方法如下。

Al-Zn-Mg 合金是一种可热处理强化的合金。其主体为 Al 固溶体物相，同时有少量的细晶粒 $MgZn_2$ 相存在。数据保存在【07004：8：7046-8P. raw】。

从图 4-29 的衍射谱中不难发现，Al 的衍射峰具有 2 个明显的特点：明显的择优取向和高角度衍射峰宽化。前者说明样品经过轧制后，形成了明显织构，样品必须经过织构的精修；后者说明 Al 相存在严重的微观应变，在此主要是轧制形成的位错。因为涉及微观应变的计算，需要高衍射角数据，因此测量范围达到 $140°(2\theta)$。

下面介绍数据处理步骤。

第 1 步：物相检索

物相检索得到 2 个相的 PDF 卡片。其中 Al 相为计算卡片。$MgZn_2$ 只找到一张实验卡片（没有选择计算卡片）。

这种选择在 WPF 时，Al 将以晶体结构为模型进行精修，而 $MgZn_2$ 则以全谱拟合法精修。

第 2 步：排除 $MgZn_2$

从 Jade 菜单 Options—WPF Refinement 进入到 WPF 窗口（图 4-29）。

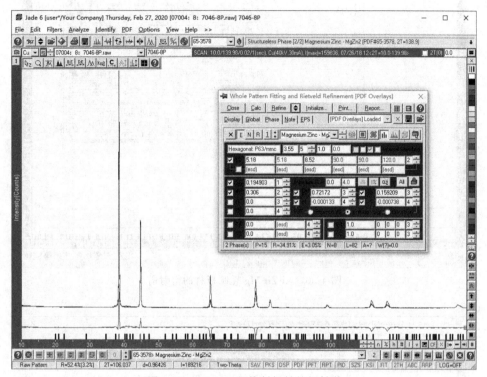

图 4-29　Al-Zn-Mg 轧制板材的衍射谱

在图 4-29 的 WPF 窗口中，因 $MgZn_2$ 的量很少，可以暂不修正。选中 $MgZn_2$，按下"E"键，即暂时使其不参与精修。

再选择 Al 相，按下 Refine，可以看到修正的效果很差。这主要是因为 Al 的织构影响。先不对织构的影响精修，先按正常步骤精修其他参数。

第 3 步：精修 Al 的织构

在 Jade 的主窗口中按下右下角的"h"按钮，可以看到是 Al（111）和（200）峰的计算强度明显低于测量强度。在 WPF 右下角输入："O1：0.5，1 1 1；O2：0.5，2 0 0"。如图 4-30 所示。

其中"0.5"为输入的择优取向因子，当计算强度明显低于测量强度时，输入 1 个小于 1 的值，反之，则输入大于 1 的值。"1 1 1"和"2 0 0"是 2 个同时要修正织构的晶面指数。

然后再按下 Refine。衍射峰强度得到修正。如果一次 Refine 没有反应，可以试着改变织构参数，反复试着 Refine。织构精修后的结果如图 4-30 所示。

处理织构还有另一种方法：选定 Al 相后，按下键盘上的"Ctrl"键＋WPF 窗口的 ▧ 按钮，"结构相"转换成"非结构相"。再按下 WPF 的 ▨ 按钮，Jade 将衍射强度作无规则择优取向处理。同样也可以修正衍射强度的不匹配（图 4-31）。

第 4 步：精修结果

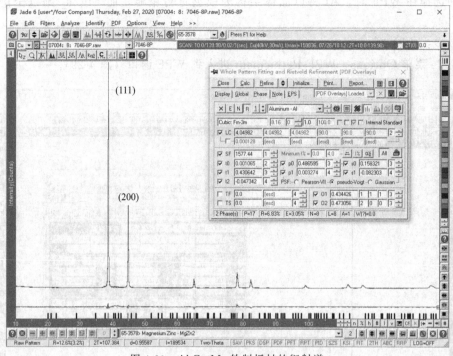

图 4-30　Al-Zn-Mg 轧制板材的衍射谱

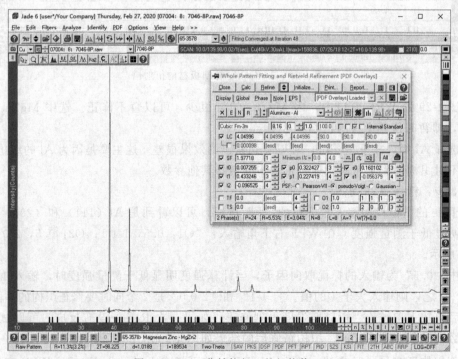

图 4-31　Al（非结构相）的织构修正

关于织构处理。一般会将其放在最后去修正。因为择优取向会导致强度变化，从而导致物相定量结果的准确性。除非有必要才进行修正。

当 Al 的参数精修完成后，不要忘记将 $MgZn_2$ 放开进入精修。如图 4-32（a）所示。选中 $MgZn_2$ 相，并按下"R"按钮，$MgZn_2$ 即被放开参与精修。

精修完成后，现在可以查看微结构数据了。

图 4-32（b）显示了 2 个相的质量分数。

图 4-32（c）所示，选择了自定义的仪器宽度曲线，并且选择了"Fit Strain Only"。显示出 Al 的 Strain＝0.139％。而显示 $MgZn_2$ 的值则更大，Strain＝0.474％。这个结果对于 $MgZn_2$ 来说，显然不对的。因为 $MgZn_2$ 是从 Al 基体中析出来的强化相。一般来说，Al 相的晶粒尺寸会大于1000nm，因此，衍射峰的宽化只归因于微观应变的增大，在这里就是位错密度的增大。而 $MgZn_2$ 的晶粒尺寸肯定会小于100nm。之所以显示有 Strain＝0.474％，是因为其衍射峰很宽，但将宽化原因错误地归因于微观应变。对于它来说，可以选择"Fit Size Only"得到图 4-32（d）的结果。

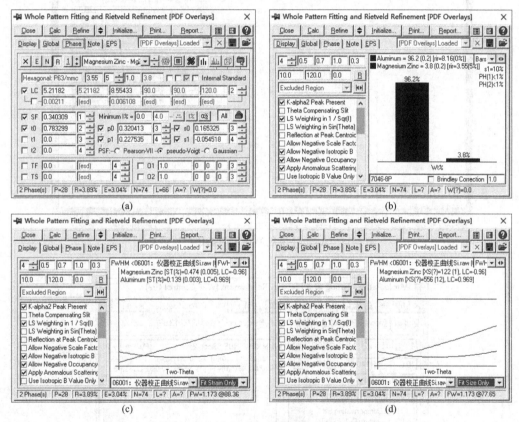

图 4-32　Al-Zn-Mg 轧制板材精修结果

值得注意的是，图 4-32（d）中显示出 Al 的晶粒尺寸很小。基于前面讨论的结果，完全不能相信 Al 的这个数据。因为错误地将衍射峰宽化归因于晶粒细化了。

由此看来，当样品中存在不同晶粒度的物相时，或者不同物相衍射峰宽化原因不同时，应当正确地选择"Size only""Strain only"或"Size & Strain"。不同的物相要通过不同的选择项分别查看结果。

图 4-32（d）中显示正确的是 $MgZn_2$ 的晶粒尺寸。当然，也不能说这个结果是多么精确，毕竟它在样品中的含量实在太少了。在做精修处理时，一般会基于先处理主要矛盾的原

则，对主要物相做较多参数的精修，而对微量相只稍微修正几个必要的参数。因此，对含量低的物相，不仅仅是晶粒尺寸，它的含量、晶胞参数的精度都不及主要相 Al 的参数精确。

上面讨论的是 Jade 6 的织构与微结构处理方法，下面介绍 Jade 9 的处理方法。

图 4-33 中显示了 Jade 9 WPF 的 Phase 页面，相对于 Jade 6 有两个主要改进。其一是对于衍射峰宽化的制约，增加了"Crystallite Size & Strain"选择。选择"Crystallite Size & Strain"，同时要确定样品是否有微观应变存在，如果像 Al 合金这样的样品，应当选择仪器宽化曲线和 ST 选项。这样就可以得到如图 4-34 所示的正确晶粒尺寸与微观应变。

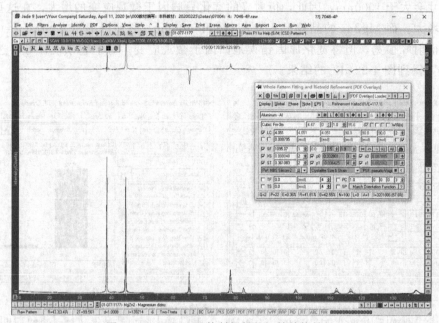

图 4-33　Al-Zn-Mg 轧制板材的初始精修结果

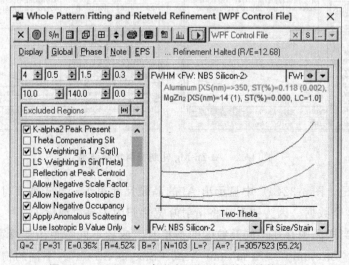

图 4-34　Al-Zn-Mg 合金中两相的微结构精修结果

另一个重要改进是对于织构的处理。提供两种函数"March Orientation Function"和"Spherical Harmanics Function"。在"March Orientation Function"模式下，可以像 Jade 6

那样输入一个 HKL 面指数和一个取向因子来修正。

"Spherical Harmanics Function"模式下，可以选择 2～10 级的级数来拟合衍射强度。

如图 4-35，选择球谐函数并指定级数展开次数（2～10），可以得到峰强度的织构精修。

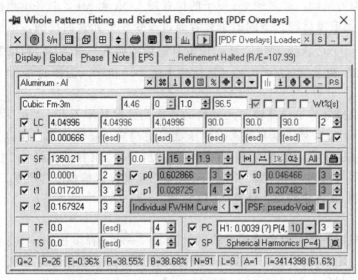

图 4-35　球谐函数　　　　　　　　　　　　微应变与织构精修操作

按下函数名称右侧的 按钮，可以观察到图 4-36 取向图。图（a）显示的是未进行织构精修时的取向。各个取向的取向因子相同，而图（b）则是精修完成后的取向因子指标。可以看出（200）取向明显大于其他取向。

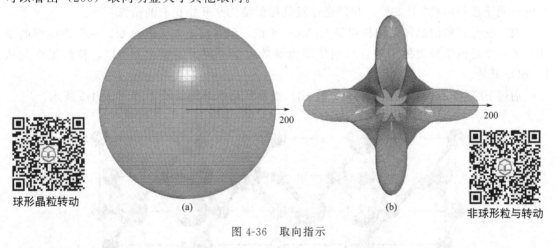

图 4-36　取向指示

4.9.4　晶体结构精修

Rietveld 全谱拟合法的最初目的是利用粉末样品的衍射谱修正晶体结构。现在，它越来越受到人们的重视并被广泛地应用于下面两种情况。一是解析新晶体结构，人们利用它在新物质晶体结构解析中精修结构模型。另一个方面是对于已知晶体结构的物质，进行实际结构的修正。例如，对所测物相的原子坐标的修正、占位的修正等，现在，越来越多的应用是对于异质同构体的结构修正。

例如：在锂离子电池正极材料的研究进程中，人们分别从 Li-Mn-O、Li-Co-O 和 Li-Ni-O 三个方面发展过来。越来越发现三者各有优点也有不可改变的缺点。$LiCoO_2$ 的晶体结构为菱面体，$a=b=2.8161(5)$Å，$c=14.0536(5)$Å，空间群 R-3m(166)。

以 $LiCoO_2$ 的晶体结构为基础，通过向 Co 原子的位置掺入 Ni 和 Mn，制备出当前正热门的 $Li(Co,Mn,Ni)O_2$ 三元正极材料。不同的研究者通过改变 3 种元素的比例，形成了不同的体系。人们普遍认为 $Li(Ni_{0.8}Co_{0.1}Mn_{0.1})O_2$ 是最有前途的研究对象。Li^+ 和过渡金属离子占据 $3b$ 空位（0,0,1/2）和 $3a$ 空位(0,0,0)，该结构中的 O^{2-} 位于八面体的 $6c$ 位（0,0, z）形成立方密堆阵列。

令人烦恼的是阳离子混排效应造成高镍三元材料的首次充放电效率不高。Mn^{4+} 在晶体模型中为高自旋态，Co^{3+} 和 Ni^{2+} 处于低自旋态，由于能量更趋向于稳定状态，所以 Mn^{4+} 上的电子易转移到 Ni^{3+} 形成 Ni^{2+}。而 Ni^{2+} 和 Li^+ 半径相近，Ni^{2+} 很容易占据 Li^+ 位置而发生阳离子混排，从而降低材料的倍率性能。随着 Ni 含量的增加，混排程度越严重。

应用：三元正极材料的 Ni 占位修正，计算 Ni-Li 混排。

实验方法：

用步进扫描方式慢速扫描一个衍射角范围大的衍射图谱，一般选择步长 0.01°或 0.02°。扫描范围＞130°。本例中，计数时间为 4s。样品必须是纯物质。扫描数据保存在【09011：2：Ni-Co-Mn 三元电池正极材料：503020：01：FT4.raw】。

下面开始结构精修。

第 1 步：相似晶体结构。

由于近年来对锂离子正极材料的研究很多，已经能够找到多个三元材料的晶体结构。但是，作为一种经常碰到的问题，这里，我们假设没有现成的三元正极材料的 Cif 文件。我们通过找到相似结构来开始我们的精修。

由于三元材料的晶体结构相对于 $LiCoO_2$ 来说，只有两个方面的改变，一是占位率的变化，另一个是由于异类原子的置换而使晶胞参数发生了很大的变化。所以，精修工作就从 $LiCoO_2$ 开始。

通过 FIZ（FindIt）找到 $LiCoO_2$ 的 cif。查看其晶体结构如图 4-37 和表 4-5 所示：

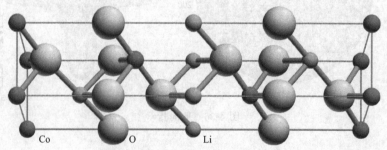

图 4-37 $LiCoO_2$ 的三维晶体结构

表 4-5 $LiCoO_2$ 的原子占位

原子名称	价态	重复	n	x	y	z	Biso
Li1	Li,+1	3	1.0	0.0	0.0	0.5	0.5
Co1	Co,+3	3	1.0	0.0	0.0	0.0	0.5
O1	O,−2	6	1.0	0.0	0.0	0.26	0.5

晶胞参数为：$a=b=2.8166\text{Å}$，$c=14.052\text{Å}$，$\alpha=\beta=90.0°$，$\gamma=120.0°$；单胞体积 $V_u=96.5\text{Å}^3$；单胞中包含的分子数为 $Z=3$。

现在，需要将找到的晶体结构以"cif"保存下来。保存为 $LiCoO_2$.cif。

第 2 步：读入晶体结构。

在 Jade 主窗口中选择菜单命令"Options——WPF Refinement"，WPF 窗口，如图 4-38 左边窗口所示，提示没有读入结构。

找到保存的 $LiCoO_2$.cif 文件，按住鼠标左键将其拖到 WPF 窗口中来。如图 4-38 右边窗口所示，提示读入了一个新的结构到 WPF 窗口中来。

注意，这是 WPF 添加新物相的另一种方法。当 Jade 所带的数据库中没有需要的晶体结构时，经常使用这种方法来添加外来的晶体结构到精修的界面或 Jade 的主窗口。

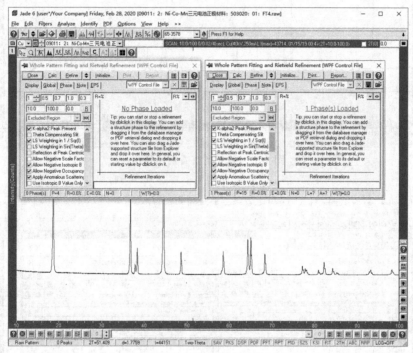

图 4-38　读入 cif 文件

第 3 步：对初始结构进行精修。

对读入的 $LiCoO_2$ 晶体结构进行精修。其主要目的是修正晶胞参数。因为 $LiCoO_2$ 的晶胞参数与三元材料的晶胞参数相差很大。通过精修，由此得到一个与测量谱较吻合的"粗结构"。图 4-39 显示，尽管所引入的晶体结构中元素组成与实测样品有很大不同，但是，可以很好地修正晶胞参数。

按下 WPF 窗口右上角的 目 的按钮，进入计算衍射谱对话框。可以看到修正过的粗晶体结构，如图 4-39 右边窗口所示。

第 4 步：编辑新结构。

按照图 4-40 左窗口所示，根据三元结构的原子坐标和占位比编辑出一个新结构。

再将图 4-40 左窗口转换成右窗口，此时 图 弹出来。按下它即将新编辑完成的结构（$LiNi_{0.5}Co_{0.3}Mn_{0.2}O_2$）替换老结构（$LiCoO_2$），并返回 WPF 窗口。

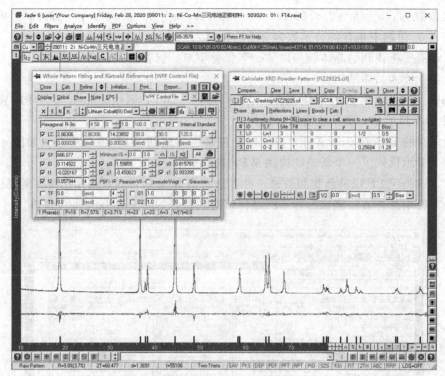

图 4-39　修正与查看初始结构

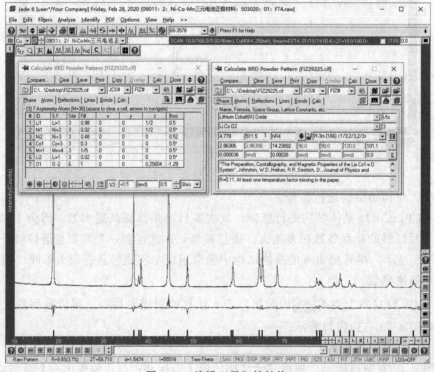

图 4-40　编辑三元初始结构

结构（$LiNi_{0.5}Co_{0.3}Mn_{0.2}O_2$）中三元材料的比例是按照实际生产的配置比例来设计的。

第 5 步：修正 B 和 x、y、z。

一个新的结构读入后，还是要按部就班地从背景参数到晶胞参数重新修正一遍。

当这些都修正完成后，开始修正晶体结构。这里分三个步骤完成。

第一个步骤是如图 4-41 左窗口所示，设置各原子的 B 因子的约束条件，并修正各原子的 B 因子。例如，根据晶体结构，应当使哪些原子的 B 值相同，则可以修正其中一个，其他的写出与其相同的式子。

第二个步骤是修正原子坐标。这里可调的原子坐标只有 O 原子的 z。如图 4-41 右窗口所示。

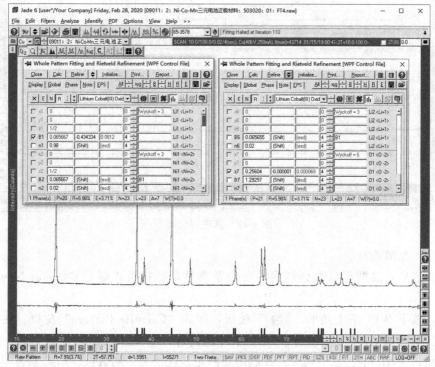

图 4-41 修正 B 和 x、y、z

第 6 步：修正原子占位。

这里原子占位的原则是：O、Co、Mn 的占位不被修正。需要修正的是 $3b$ 位置的 Li 占位。这里先得有个假定：$3a$ 位的 Ni 进入 $3b$ 位的量与 $3b$ 位的 Li 进入 $3a$ 位的量是一样的。这里不妨这样设计（图 4-42）：

$n1+n2=1$：$3b$ 位置上两种原子共存；

$n2=n3$：Ni、Li 位置交换量相同；

$n4=0.5-n2$：$3a$ 位置上 Ni 的占位。

这里被修正的变量只有 $n1$，其他的量却会跟着改变。

当然，这里涉及的晶体结构约束并不一定满足所有三元材料的精修。例如，现在正研究着的富锂材料就不满足这种假定。

约束一方面要符合"结构不变性"，即只能允许晶胞大小发生改变，而不能完全变成另一种晶型或点阵；另一方面还要符合化学配位等原则。

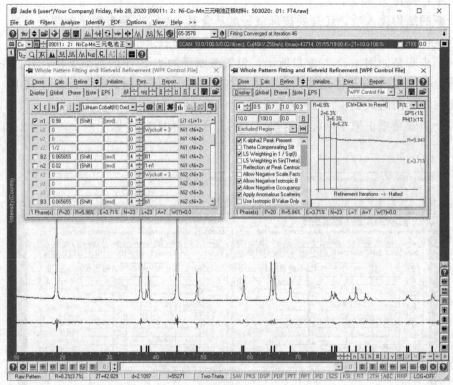

图 4-42　修正占位率

第 7 步：结果保存。

精修完成后，立即可以看到样品的各种基本性质，这可以通过"Cretat New Report"来完成。

现在，按下 WPF 右上角的""按钮，回到"Calculte Pattern"窗口。在这里可以查看物相的参数：①Phase：相当于 PDF 卡片的内容；②Reflection：反射列表；③Bonds：键长和键角；④Atoms：原子列表。我们需要的正是这个表中的数据，结果见表 4-6。

表 4-6　晶体（$Li_{0.973}Ni_{0.026}$）（$Ni_{0.473}Li_{0.026}Co_{0.3}Mn_{0.2}$）$O_2$ 的原子占位

名称	原子	同效点数目	占位率	x	y	z	Biso
Li1	Li+1	3	0.973	0.0	0.0	0.5	0.06566
Ni1	Ni+2	3	0.026	0.0	0.0	0.5	0.06566
Ni2	Ni+3	3	0.473	0.0	0.0	0.0	0.06566
Co1	Co+3	3	0.3	0.0	0.0	0.0	0.94527
Mn1	Mn+4	3	0.2	0.0	0.0	0.0	0.06566
Li2	Li+1	3	0.026	0.0	0.0	0.0	0.06566
O1	O−2	6	1.0	0.0	0.0	0.25604	1.29257

按下"Save"即可保存这个表为 cif 文件。

此窗口中其他的数据都可以保存下来，例如键长、键角数据等。

4.9.5　Rietveld 在物相检索中的应用

Rietveld 全谱拟合检索物相的方法作为第四代物相检索程序，在 Jade 9.0 及以上本版中得到应用。下面以数据【04002：3：ZnO-CaCO$_3$-SiO$_2$-Al$_2$O$_3$.rall】为例进行演示操作。

（1）S-W 检索方法

当打开 Search/Match 窗口时，除了 "S-M" 按钮是传统的基于面间距的物相检索方法外，多出一个按钮 "S-W"，就是基于全谱拟合的方法（图 4-43）。

按下按钮 "S-W" 后，进入如图 4-44 所示的 Search-Match 窗口。

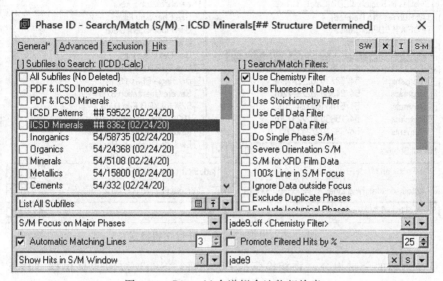

图 4-43　Rietveld 全谱拟合法物相检索

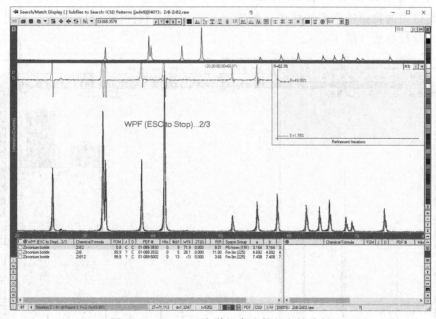

图 4-44　Rietveld 全谱拟合法物相定性分析

与传统方法不同的是，软件自动在 PDF 库中查找卡片并进行全谱拟合，最后给出全谱拟合的结果。

（2）S-D 检索方法

如果"S-W"检索完成后，还有物相没有检索出来，再次打开 Search-Match 窗口后，如图 4-45 所示，会多出一个另外的按钮"S-D"。

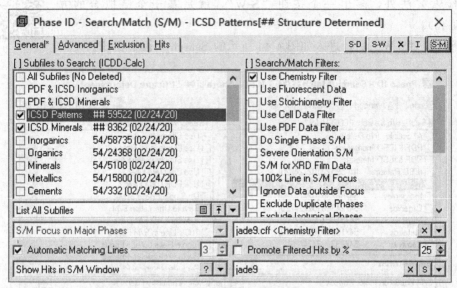

图 4-45　根据"残差"进行物相检索

残差是在之前的全谱拟合、物相检索时产生的，"S-D"按钮就是根据"残差"进行检索物相。

（3）简易全谱拟合精修的定量方法

在主窗口中的物相检索列表栏中，单击"％"按钮，软件进行自动拟合，并计算出各个物相的相对质量分数（图 4-46）。

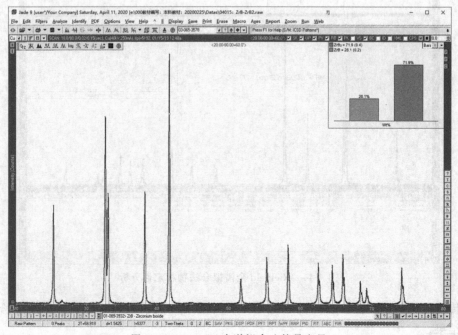

图 4-46　Rietveld 全谱拟合法简易定量

Rietveld 全谱拟合精修最初的目的是用于新物质解析过程中的物相的精修,通过以上的讨论,不难发现,Rietveld 在多晶材料衍射中的应用已大部分取代传统的方法。这些应用包括:①最新一代物相检索程序;②物相定量方法;③晶胞参数精修与指标化;④结晶度计算(包含在含非晶相的物相定量方法中);⑤微结构测量。除此以外,还增加了物相晶体结构的修正。至于宏观内应力的计算和织构分析功能也已经得到应用。随着 Rietveld 全谱拟合精修方法的进一步扩展和计算机技术的发展,将有可能完全取代传统分析方法。

Rietveld 全谱拟合精修方法取代传统分析的意义在于,它利用全谱数据充分修正了各个可能的影响参数值,从而使分析结果远远地比传统方法精确。

当然,Rietveld 全谱拟合方法通过计算软件来实现,计算原理和计算技术还在不断地发展,虽然 Rietveld 方法软件很多,但是,每个软件都有各自的特色,使用者可能需要真正理解软件的设计思想,才能获得完全正确的结果。在下一章中,将介绍另一个有特色的 Rietveld 全谱拟合软件 Maud。

4.10　讨论与实践

练习 4-1 讨论:一个样品中如果存在两个物相,在做物相鉴定时,其中一个物相 A 找到了其计算卡片,另一个物相 B 则没有找到,只有实验 PDF 卡片,需要对这个样品进行定量时,你会如何做?

练习 4-2 讨论:上面的问题中,如果 B 相的 PDF 卡片都没有,但是有 B 这种物质的纯样品,你又会如何做呢?

练习 4-3 讨论:一个样品中含有非晶相时,有哪些办法来完成定量分析?

练习 4-4 讨论:一个样品中的两个相都有衍射峰宽化的现象,但宽化的原因却不同,一个是因为晶粒细化引起,而另一个相却是微观应变引起。那么,如何处理?

练习 4-5 训练:先读入数据【07002:2:高温尖晶石.raw】,计算其晶胞参数和微结构,判断是否有微观应变。然后,读入【07002:1:低温尖晶石.raw】,计算其晶胞参数和微结构,判断是否有微观应变。最后,同时读入这两个数据,合并成一个数据后,计算它们的晶胞参数和微结构,以及将它们视为两个不同物相时,它们的含量。

第5章

Rietveld精修实践(Maud)

Maud（Material Analysis Using Diffraction）是一个很有特色的 Rietveld 精修软件。这一章中，不准备对这个软件作全面的介绍，根据 Maud 软件的设计特点，针对一些实际的研究问题，提出一些具体的解决办法，共享一些使用技巧，以对阅读者在解决实际问题时提出指导意见。主要内容包括以下 3 个方面。

① 以"非球形"晶形解决各向异性晶形的微结构问题。

② 以"晶粒极小的晶体模型"模拟非晶相结构，实现含非晶相样品的准确无标定量。

③ 通过织构精修正，绘制反极图。

5.1 Maud 的功能与安装

（1）Maud 的功能

Maud 用 Java 语言写成，可以运行于 Windows 操作系统之下。运行时需要有 Java VM 支持。程序运行于 GUI 界面，因此操作很容易上手。衍射数据既可以是 X 射线衍射数据，也可以是同步辐射、中子衍射等数据。可以同时运行多个数据分析，也不限于某种衍射仪的数据。

Maud 可用于从头解晶体结构、定量分析、微结构分析（晶粒尺寸与微观应变）、织构分析、电子云密度计算，也可用于薄膜样品和多层膜衍射等。不过，现在人们可能主要用来做定量分析、晶体微结构以及晶胞精修。

与 Jade 中的 WPF Refine 模块不同，只能使用"结构相"，而不可以使用"非结构相"。结构相以 CIF 文件形式读入；定量分析完全不依赖 RIR 值而是从解晶体结构得到强度比例因子。它的突出优点是能很容易地解决"非球形"晶形的微结构以及织构问题。定量结果是现有精修软件中较准确的。

（2）软件下载与安装

这个软件是一个完全免费的软件，而且经常更新，所以建议使用者自己直接从网上下载最新版，也可以经常上网看看有什么更新。

第 1 步：安装 JAVA。

在下载 Maud 之前，应当先下载 JAVA 程序并安装到电脑中。根据电脑系统，要下载 JAVA7-64 位。从 360 软件下载后可自行安装。

第 2 步：下载 Maud。

下载得到的是一个用于 Windows 操作系统的 Maud 程序的压缩包。即 Maud.zip。其中有 32 位和 64 位两种。

第 3 步：安装 Maud。

用 WinRAR 软件解压它。解压时，会建立一个名称为 Maud 的文件夹，所有的文件就全在表 5-1 了。

表 5-1　Maud 软件运行程序文件夹中包含的文件

aparapi_x86. dll	gluegen-rt. dll	jdic. dll	jogl_desktop. dll
jogl_es1. dll	jogl_es2. dll	maud. bat	Maud. jar
maudpath_Administrator	maudpath_user	nativewindow_awt. dll	nativewindow_Win32. dll
newt. dll	startingLog	tray. dll	

第 4 步：第一次运行。

表 5-1 中可运行的程序是 maud. bat。双击它运行开始，以一个 MS-DOS 程序运行界面开始后，会显示一大段文字，节略翻译出来就是：

"卢卡・卢托蒂（L. Lutterotti）编写的计算机程序 Maud 是免费发布的，除以下规则外，没有任何非商业用途的限制。

未经作者事先咨询和许可，不得以 Maud 或其他名义重新发布程序或程序的一部分。每当你发布用 Maud 精修的结果时，需要根据你的研究主题引用作者指定的 4 篇论文中至少 1 篇论文。任何希望将本软件用于商业用途的人都应与作者联系，以获得有关许可条件的信息。"之所以把这一段文字写出来，是因为我们应当也必须这样做。相关文献见参考文献。

接下来，会要求选择一个文件夹来存贮软件自带的数据库（structure. mdb）和一些例子文件。这个很重要。通常不会选择软件默认的文件夹，而是自己建立一个文件夹。例如，在 Maud 的安装文件夹下再建一个新文件夹"Data"。这个文件夹也是 Maud 默认的工作目录。释放出来的文件见表 5-2。

表 5-2　Maud 学习例子文件

alzrc. dat	alzrc. par	asf_Kissel. dat	atominfo. cif
bbm48bis. dat	bbm48bis. par	classnames. ins	cpd1h. par
CPD-1H. PRN	CPD-Y2O3. PRN	CrossSection. dat	CWWARRAY. DAT
default. par	ElamDB12. txt	ElectronScatteringFactors. txt	Files_build. number
film1. cif	film1. jpg	film1. par	film16. tif
G11. ddq	g11maud. par	gtial1. F1B	gtial1. par
HIPPOWizard. ini	IADARRAY. DAT	instruments. mdb	integratedBessel. dat
license_maud. txt	marker. txt	MaudLicenseBSD. txt	PlasterOfParis. mdb
preferences. Maud	Properties. 3D	ScatteringLengths. txt	sio250. par
sio250. raw	Steel16CrNi4. par	Steel16CrNi4. RAW	structures. mdb
xraydata. db	y2o3. par		

（3）Maud 的数据文件

在 Data 文件夹中有 3 种类型的文件。

1）衍射数据文件

从表 5-2 中可以看到文件夹中有 raw 文件和 dat 文件，这些都是衍射数据文件。raw 文件应当是衍射仪产生的二进制衍射数据文件，而 dat 文件则是一种文本格式的衍射数据文件。其实，Maud 还可以打开其他一些文件，如扩展名为 txt 的纯文本文件。这种文件由两列数据组成，第一列是衍射角，第二列是衍射强度。这是最简单的表示方法，也最容易将衍射数据转换成这种格式。数据文件用 file 菜单下的 Load Datafile... 打开。

2）相结构文件（cif 文件）

它是一种物相的晶体结构描述。这个文件可以自己建立，也可以从晶体学数据库中调用，甚至从网络上也可以找到。要用它来作为一个物相的"模型"，并在此基础上进行"精修"。一个样品中如果有多个物相，会要调入多个这样的文件。调入的方法是点击 。

为了减少查找晶体结构的工作量，Maud 自带了一个结构数据库（structure.mdb），其中保存了很多物相的结构。需要的 cif 文件可以从这个文件中调入。我们也可以将已有的晶体结构存入这个文件以方便调用。

3）参数文件（par）

在精修过程中，或者在精修完以后，Maud 能够将当前的"精修状态"保存下来，这样，下次还可以接着精修。这样的现场保护很有意义。这样的文件通过 File 菜单下的 Save analysis 或者 Save analysis as... 来保存或建立。

5.2　基本操作界面

这里以 Maud 自带的一个实例来开始学习 Maud 的基本操作。

选择菜单"File｜Open analysis..."，选择一个已经建立好的分析参数文件 Alzrc.par 打开（数据文件【Maud：alzrc】文件夹中）。

（1）主窗口

图 5-1 显示了 Maud 的工作窗口。

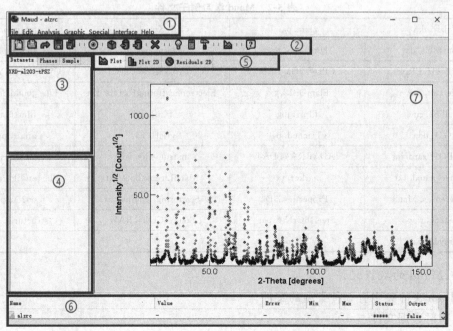

图 5-1　Maud 的工作窗口

程序界面由菜单栏、工具栏和 4 个窗口组成。

① 菜单栏：除工具栏中的命令外，其他都由菜单栏中的命令执行。

② 工具栏：多数的命令都由工具栏中的命令执行。

③ 左上角第一个窗口是"当前分析"（把一个精修工作称为一个"分析"）。它由三个页面组成，分别是 Datasets（对象 ID）、Phases（物相列表）和 Sample（样品名称）。

现在，可以看到，在 Datasets 页中显示的是"XRD-Al_2O_3-tPSZ"。这个名称通过双击来修改。单击 Sample 页，同样也显示了一个名称"AluminaTZP"，就是样品名称。单击 Phases 页显示了 2 个名称"Corundum"和"T-PSZ"。它是 2 个物相的晶体结构。

④ 左边中间的那个窗口。这个窗口现在是空白的，一旦开始精修，这里就会显示精修过程中各种参数的变化。精修的好坏通过这些参数来描述。

⑤ 下面的那个窗口，它显示了各种参数的状态。通过这个窗口来观察、编辑精修参数。

⑥ 图形显示方式，有一维和二维两种方式。因为 Maud 既可以读入一维数据又可以读入二维数据图。

⑦ 图谱显示窗口。包括测量谱、计算谱、残差线。

（2）精修向导

当按下 💡，会弹出图 5-2 所示的精修向导窗口。

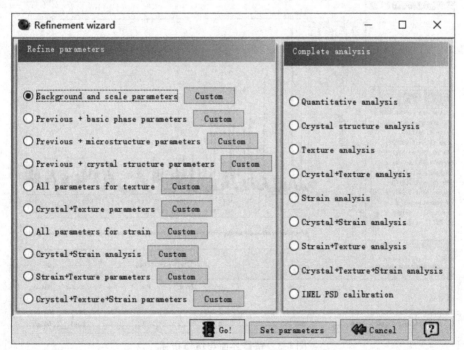

图 5-2　精修向导窗口

这里有两排按钮，表示精修的对象。先来看左边一列。

Background and scale parameters：背景和标度因子（与强度相关）；

basic phase parameters：基本物相参数（晶体点阵的一些基本参数，与衍射角相关）；

microstructure parameters：微应变参数（包括晶粒形状、大小、微应变，与峰的丰度相关）；

Crystal structure parameters：晶体参数（晶格常数、原子位置，与衍射角相关）；

All parameters for texture：织构（与峰强的匹配性相关）。

……

精修时，一般是从最简单的开始（即从最上面一个开始），然后一个一个地往下做。即背景和标度因子→基本结构参数（晶型与晶胞参数）→微结构→晶体结构参数（原子占位等）→织构……

现在，当选择了最上面一个 Background and scale parameters 时，点击 ![Go!] 就开始精修了。

图 5-3 中，窗口显示精修的过程，精修共进行了 5 个循环。精修指标列于左边的窗口。窗口中同时显示了两个相的质量分数。

当然，希望的是衍射谱下面那条误差线越平、越直、越光滑越好。

就这样一遍遍地按下那个"灯泡"，一个一个地往下选择精修项目（只做前四项），试着看看 R_{wp} 是不是越来越小。做几次以后，就可以去看看精修的结果了。

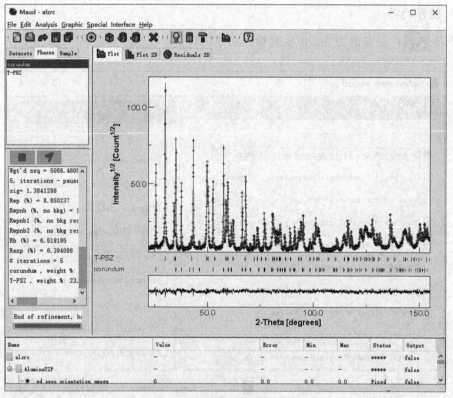

图 5-3　精修界面与精修指标

（3）精修变量的编辑与查看

在 Maud 中，不同的精修变量要通过 Datasets、Phases、Sample 的页面去查看。

现在来看看两个相的含量。相是包含在一个样品中的，所以从 Sample 页去查看。先选择 Sample 页，再单击这个页下面的 AluminaTZP。

然后，点击"⊙"按钮，就会看到图 5-4 所示的窗口。

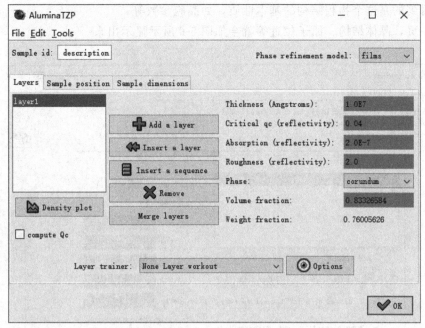

图 5-4　观察与编辑样品（Sample）的相组成窗口

Corundum（刚玉）的体积分数为 83.326584%，质量分数为 76.005626%。如果要看另一个相，翻一下 Phase 右边的下拉按钮就看到了。

如果想看看刚玉的晶粒形状和晶粒大小呢？

就要在图 5-3 中 Phases 页下面单击 Corundum，并单击工具栏里面的"眼睛" ◉，显示图 5-5。

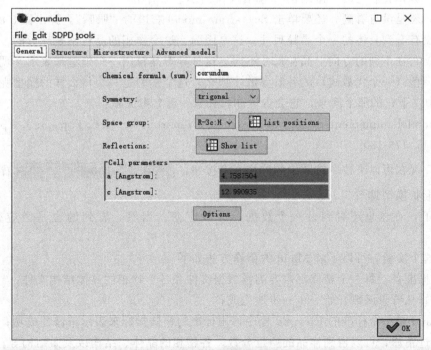

图 5-5　观察与编辑相的晶胞参数

最先看到的是这个物相结构的基本性质，如晶胞参数等。

再翻一页，晶体结构、原子位置等就会如图 5-6 所示显示出来。

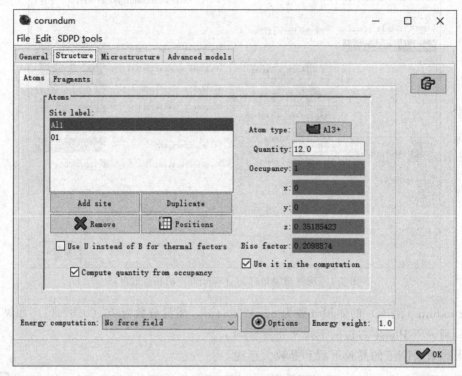

图 5-6　查看与编辑相的晶体结构

再翻一页，查看它的"微结构"，如图 5-7 所示。

现在，还是没有看到，还要单击 Size-strain model 右边的"眼睛"，弹出图 5-8 的窗口。

还是没有看到具体的一个晶粒尺寸。这是因为，这个物相的晶粒不是球形的，而是一种异形晶粒。它在不同的方向上晶粒尺寸不同。这种异形晶粒用一个模型来表示。现在，看到的是这个模型（一个代数式）的各阶参数。那么，这个模型是一个什么样的模型呢？如果点击图 5-8 中左下角的那个问号，它会告诉你，去看一篇参考文献：

The model implemented follows the theory reported by N. C. Popa in J. Appl. Cryst. (1998)，31，176-180.

不过，现在可以来按一按图中的这样三个按钮：`Solid` `Wireframe` `Nodal` 看到了什么呢？晶粒形状模型见图 5-9。

注意了，在这里还看到另一个数据，即微应变。当然，看到的也是微应变模型的参数。

通过这个实验，可以了解 Maud 的精修方法如下。

① 数据准备：每一个精修都需要测量数据文件和各个物相的晶体结构文件；

② 精修从背景函数开始一步一步地完成；

③ Maud 是一个标准的 Rietveld 程序，用标准的精修指标来表示精修的成功；

④ 通过精修，可以得到样品的质量分数、各物相的晶体、结构以及微结构等。

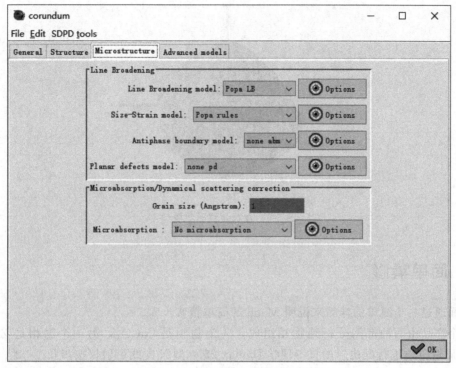

图 5-7　查看与编辑相的微结构变量

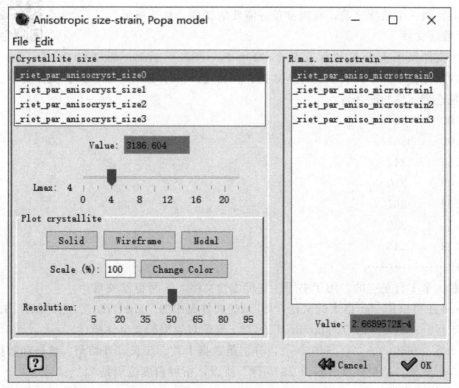

图 5-8　查看与建立非球形晶粒模型

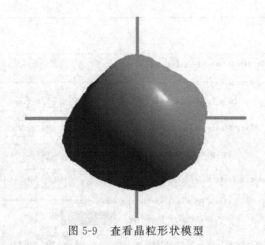

图 5-9 查看晶粒形状模型

5.3 简单精修

下面通过一个简单的样品来说明 Maud 的简单精修步骤。

这个样品由两种市购分析纯物相组成。一个物相是 $CaCO_3$，另一个物相是 ZnO，按 $1:1$ 的质量分数进行配比。用日本理学 D/max 2550 型 X 射线衍射仪按步长 $0.02°$、计数时间 1s 进行扫描。下面介绍具体的操作步骤。

（1）文件准备

在准备做一个精修之前，应当准备好需要的文件，如下所示。

1）数据文件

这个文件是用 Jade 文件保存命令 "File-Save-Save pattern as. TXT"，将衍射数据保存为一个纯文本文件，数据保存在【maud：ZnO＋CaCO3】文件夹中。

这是这个文件的前几行：

20.0	237
20.02	261
20.04	241
20.06	260
20.08	267
20.1	230
20.12	245

．．．．．．．．．．．．．．．．．．．．．

注意：第 1 行是空的，用于书写一些标志性文字，不写也没关系。

Maud 还可以用 .dat 格式的文件，如 Data 文件夹中的 "alzrc. dat"。它的保存格式如下。

第 1 行：Al2O3＋CeO2-stabilized ZrO2。这是对数据的文字性描述。

第 2 行：2660 .05 22 1.540598 1，分别是数据个数、步长、开始角、波长和数据块数。

第 3 行开始：衍射强度。一共 2660 行。所以，衍射角度范围是 $22°\sim155°$。

2）晶体结构文件

可以直接读取标准的 cif 文件。

Maud 自带了晶体结构数据库 Structure.mdb，保存了若干常用的晶体结构。这个文件在 Data 文件夹中。我们也可以将常用的结构保存到里面，方便调用。

另外，我们常用到 FindIt.exe 这个软件。通过它来查找物相的晶体结构。当然，在其他一些商用的物相分析软件中也可以在寻到物相后将晶体结构保存下来。

在这个例子中，我们需要两个这样的文件：ZnO.cif 和 $CaCO_3$.cif。它们分别是所测样品中包含的两个物相的晶体结构。

（2）新建精修

进入 Maud 后，可能窗口显示的是前面某个精修的数据。现在我们单击"▣"按钮，新建一个精修。

1）读入测试数据

按下菜单命令"File-Load datafile..."，读入数据文件，见图 5-10。

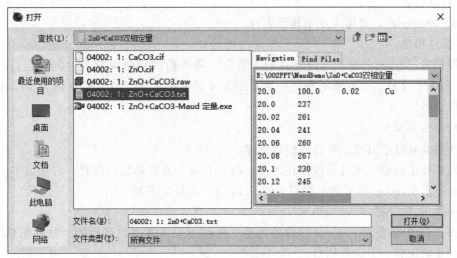

图 5-10　输入衍射数据的名称

此时 Datasets 页下面有一个 DataFileSet_x，鼠标双击，在弹出的文本框中输入样品的 ID，再单击 OK，如图 5-11 所示。这样，数据 ID 就不是缺省的了。

注意窗口中会显示数据文件的内容。如果不能正确显示，说明这个数据文件不能被读入。

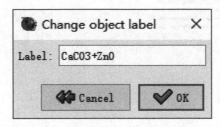

图 5-11　输入衍射数据的名称

2）读入晶体结构

单击 Phases 页，然后单击那个箭头向左的"水桶"。并从文件夹中选择 CaCO3.cif 文件打开。在新弹出的窗口中要先点一下这个文件所在的行，再按下 Choose 按钮，如

图 5-12 所示。这个 CaCO3.cif 就调入到 Phases 页下面来了。

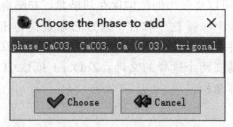

图 5-12　读入物相的 cif 文件到分析窗口

同样的方法调入 ZnO.cif。

读入的晶体结构可能不会正确地显示结构名称，建议在多相精修的分析中，每读入一个结构都双击名称，并准确地命名。

3）样品命名

单击 "Sample"，并输入一个样品名称。

4）保存精修

选择菜单 "File——Save analysis as" 命令，将当前的精修保存为 "04002：1：ZnO＋CaCO3.PAR" 文件。要注意的是，一定要给文件加上扩展名 ".PAR"，因为 Maud 不习惯自动加扩展名。

（3）精修背景

当这些准备好了以后，可以开始精修了。

首先要修正背景。不过在做修正之前，应当先进行背景函数的设置，方法如下。

鼠标单击 Dataset 页下的名称 CaCO3＋ZnO（如图 5-15 所示）；

鼠标单击 "眼睛"；

从图 5-13 中会看到 Dataset 包含的内容。包括一般描述、数据范围、排除精修的范围、背景等。建议浏览一下这些项目。

现在只编辑背景，所以，来看最后一个页面（Background function），见图 5-13。

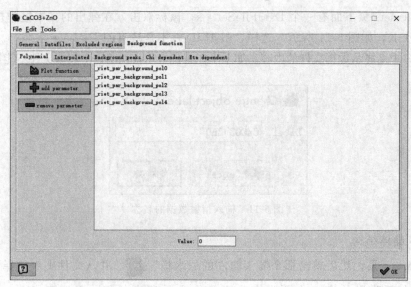

图 5-13　背景函数的设置

一个衍射谱的背景通常用一条若干次幂的高指数函数来表示。背景线通常用抛物线来表示，但是，如果线形复杂而且有挠曲，可能就要用到更高级数的函数了。

建议先用"Remove"删除掉原有的设置，再用"Add"命令来添加。这里设置如图 5-13 所示。

鼠标点灯泡 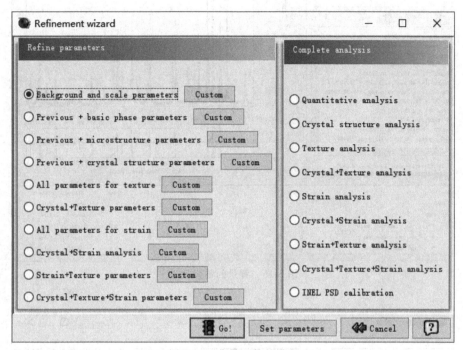，看到选择项是第 1 个。再点击 Go 就开始了背景线的精修，见图 5-14。

图 5-14　背景函数的设置

从图 5-15 看到精修结果还是不错的，拟合线与衍射谱的基线相重合。如果不重合，则说明需要进一步增加背景线的级数。重复上面的步骤即可。这时得到的 $R_{wp} = 36.6$。

再回过头去看看 DataSets 的背景线多项式的各个参数，就可以写出它的函数式来了。拟合的结果为这个样品的背景函数的形状，见图 5-16。

（4）晶胞参数精修

选择 ZnO 相，再单击眼睛。弹出 SDPD tools 窗口，如图 5-17 所示。

用鼠标右键点击图 5-17 中背景为灰色的区域，看看它们是否被"Fixed"。如果是，要改过来，改成"Refine"。

同样的，对 $CaCO_3$ 做同样的操作。

点"灯泡"，对基本结构进行精修。精修结果如图 5-18 所示。图中可见，R_{wp} 值稍小了一点。

（5）微结构精修

选择 ZnO，再点"眼睛"，翻到"Microstructure"页，见图 5-19。

注意：Line Broadening model 为 Delft（缺省），Size-Strain model 是 Isotropic（各向同性）。点开 Isotropic 右边的眼睛，看到图 5-20 的弹出窗口中有两个数据，可以不修改它们的

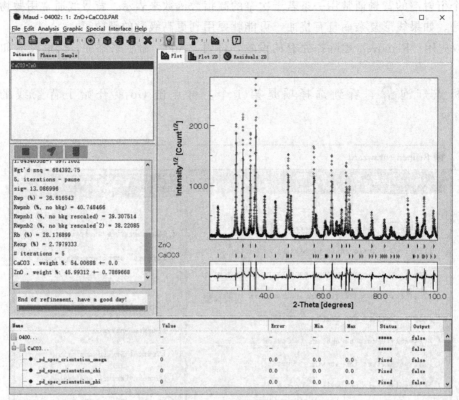

图 5-15　背景的精修效果

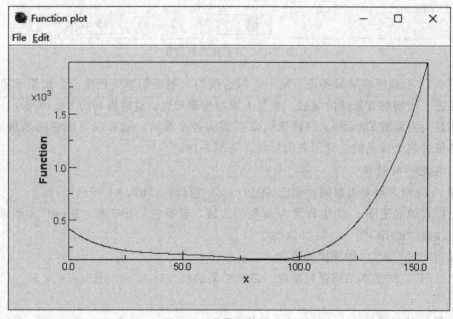

图 5-16　背景函数的形状

大小，但要修改它们为 Refined。

同样的，对 $CaCO_3$ 作相同的操作。

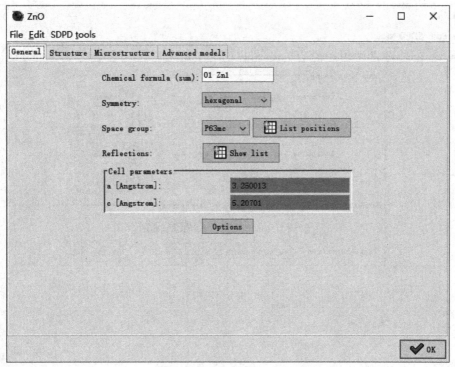

图 5-17　选择晶胞参数为精修变量

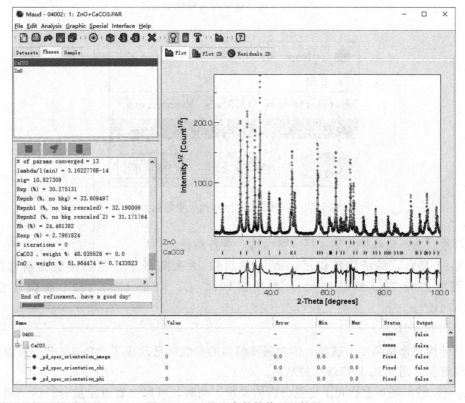

图 5-18　对晶胞参数精修后的结果

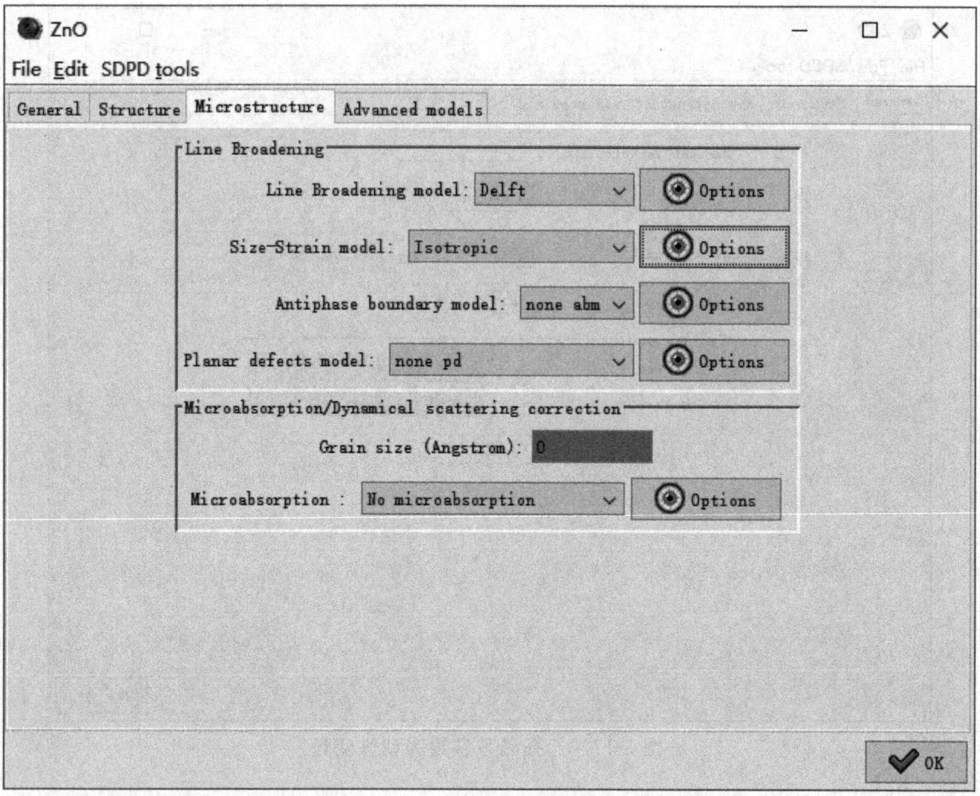

图 5-19　选择微结构为精修变量

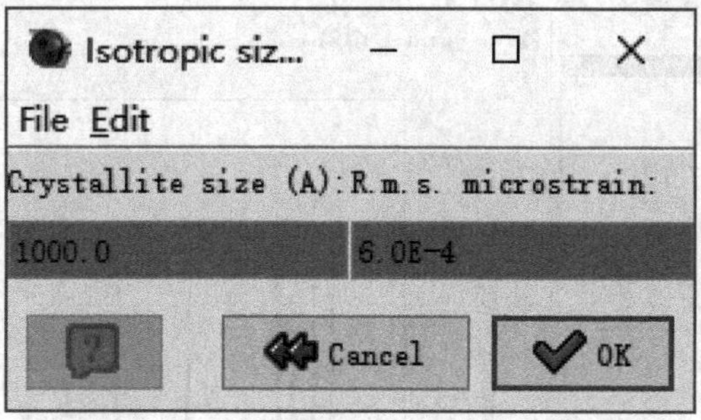

图 5-20　设置晶粒尺寸和微应变的初始值

点灯泡，选择精修项为第 3 项（微结构）进行精修。

图 5-21 显示，微结构精修后，$R_{wp} = 8.49$，大大降低了，说明微结构精修效果很好。再回头去看 ZnO 的晶粒尺寸就不是 1000 了，而是 4395.429，而微应变则为 $1.8474074E-4$。

（6）结构精修

晶体结构精修是第 4 个选项，因为需要精修的参数都已改成了 "Refined"，所以直接进行精修就行了。图 5-22 是精修后的结果。

$R_{wp} = 7.87$，基本上达到了定量分析的要求，此时，可以去查看定量分析的结果了。结果是一个相为 49.5%，另一个相为 50.5%，结果可以接受。

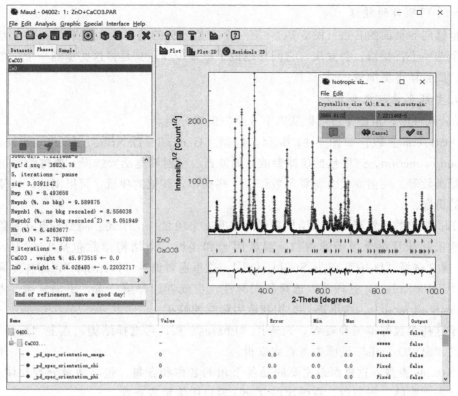

图 5-21 对微结构精修后效果

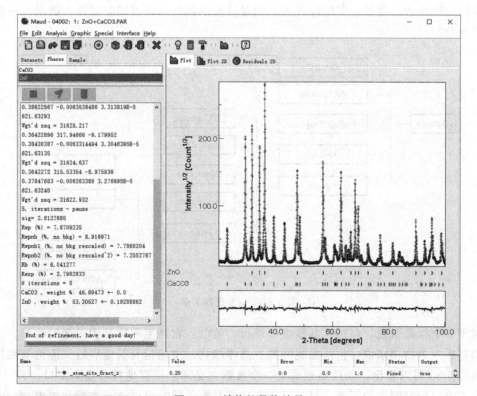

图 5-22 精修的最终效果

（7）专门项目的精修

在精修向导页面的右边（图5-14），有一个定量分析的选择项。如果图省事，可以直接去点这个选项进行精修。会发现，它同样地做了很多步骤，只是将这些步骤一个一个地拆开来做了，而且做得更细致。

（8）参数变量与报告

Maud软件中，精修变量可以从以下3个方面来分类。

① Datasets参数：如图5-13所示，包括：General、Datafiles、Excluded regions和Background function。这里包括仪器参数，如波长、衍射峰宽函数选择、要排除的衍射角范围、背景函数等。在前面仅对背景函数作了一些操作，其他的项目，可以浏览，以便了解这些项目的设置。

② Phase参数：对于每一个结构来说，都有4个项目：化学式、晶型与点阵参数、结构参数，这里就涉及每个原子的占位、温度因子和坐标；微结构参数包括Line Broadening model，通常选择"Delft"，Size-Strain model，这里通常选择"Isotropic"，即各向同性，或者选择"PoPa Rules"，这样可以选择各向异性，也或者选择第三者，更加复杂一些；第4项是Advanced models，这里进行织构和应力影响的修正。

对于这些参数的编辑和查看，先选择"Phases"页，再选择结构，点击"眼睛"按钮，从弹出的"SDPD tools"页面去查看或编辑。

③ Sample参数：这里面最主要的是各个相的名称和含量，包括质量分数和体积分数。同样是点击"眼睛"按钮后，在弹出的Tools窗口中编辑或查看。

在Maud中，各种参数的关系与层次可以用图5-23表示：一个分析称为Datasets。它包含样品的一般参数、背景、可排除区域、同时精修的数据（可以同时对多个数据进行精修）、样品的参数。

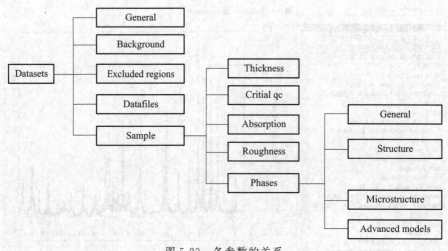

图5-23　各参数的关系

对于一个样品来说，包括样品厚度、评价、吸收、粗糙度和样品中包含的物相。

而对于一个物相来说，包括晶胞参数、晶体结构、微结构与其他参数（应力与织构）。

由图5-23可以看出，如果要查看某一个参数，必须一层层地打开显示窗口。

在主窗口衍射图谱的下端，显示了所有这些参数。随时可以进行查看和编辑。

选择主窗口中"Analysis—Parpameters list"菜单命令，将弹出全部参数列表，见图 5-24。

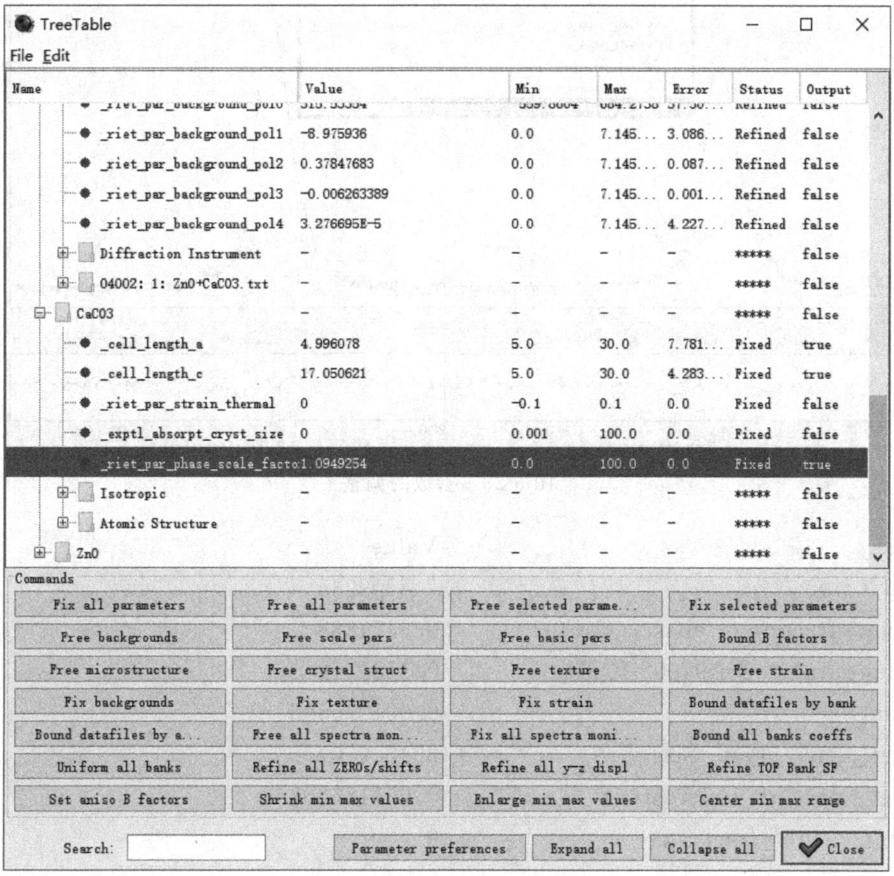

图 5-24　精修的最终效果

在这里，如果对 Commands 进行操作，就可以以命令形式给某一组参数进行操作。

列表中的各个参数，列出了其组织结构、名称、当前值、精修时允许的最大值和最小值状态（是否被精修）和是否被输出。

这个列表有 3 个主要的作用，如下。

① 检查参数是否被精修。有些参数可能不会自动参与精修，需要人为干预将 Status 从"Fixed"改成"Refined"。

② 调整初始值。如果某个变量的 Value 明显太小或太大，可以直接修改其值。例如，虽然没有进一步精修下去，但是，从图 5-22 的左边第 1 个衍射峰就可以看出来，对于 $CaCO_3$ 来说，明显地计算值小于测量值。先把第 1 个衍射峰放大，再在列表中找到 $CaCO_3$ 的标度因子（_riet_par_phase_scale_factor）所在行，将 Value 调大，会看到计算谱增大，而残差变小。见图 5-25。

③ 选择输出项。每个参数最后 1 列显示的 Output，若选择"True"，则在保存的时候被输出，否则，其结果不被输出。例如：当不作任何改变时，选择菜单命令"File—Append Results to"命令后，Maud 默认的输出项为 R_{wp}，各相的晶胞参数和微观应变，其他都不会显示出来。若在参数列表中选择其中一些项目的 Output 值为"True"，则有更多的输出项目：

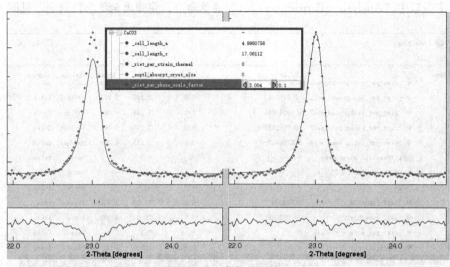

図 5-25　参数的调整

name	Value
Rwp（%）	7.8709235
Volume fraction of phase _ CaCO3	0.6474888
Volume fraction of 94002-ICSD	0.3525112
Error	0.001275585
_ riet _ par _ cryst _ size	2242.9807
_ riet _ par _ rs _ microstrain	0.001186663
_ atom _ site _ fract _ x	0
_ atom _ site _ fract _ y	0
_ atom _ site _ fract _ z	0
_ atom _ site _ B _ iso _ or _ equiv	0.90626305
_ atom _ site _ occupancy	1
_ atom _ site _ fract _ x	0
_ atom _ site _ fract _ y	0
_ atom _ site _ fract _ z	0.25
_ atom _ site _ occupancy	1
_ atom _ site _ fract _ x	0.26366183
_ atom _ site _ fract _ y	0
_ atom _ site _ fract _ z	0.25
_ cell _ length _ a	3.2504077
_ cell _ length _ c	5.2076654
_ riet _ par _ phase _ scale _ factor	0.99500394
_ riet _ par _ cryst _ size	4392.3223
_ riet _ par _ rs _ microstrain	1.50E-04
_ atom _ site _ occupancy	1
_ atom _ site _ fract _ x	0.3333

_ atom _ site _ fract _ y	0.6667
_ atom _ site _ fract _ z	0.43985003
_ atom _ site _ occupancy	1
_ atom _ site _ fract _ x	0.3333
_ atom _ site _ fract _ y	0.6667
_ atom _ site _ fract _ z	0.062233083

注意，Maud 保存结果时，文件的扩展名需要自己添加。比如，输出文件名为"Ca-CO3-ZnO. XLS"，则可以用 EXCEL 软件来打开。有意思的是，无论你输出多少项目的数据，所有数据均排成 2 行。若通过 EXCEL 的"转置"，就可以变成上面这样的两列数据了。

通过这个实例的操作，相信读者已经掌握了 Maud 的基本功能。下面来做一些特殊的应用。

5.4　含非晶相的定量分析方法

一般来说，晶粒的大小都是"微米"级的，但也有一些晶粒可能是"纳米"级的。所谓纳米晶是指介于 1～100nm 大小的晶粒。那么比纳米晶更细的是什么呢？就是短程有序或完全无序的东西，也就是"非晶"了。因此，完全有理由相信"非晶就是比纳米晶粒更细的晶粒"。基于这一假设，在分析含非晶相的样品时，就可以将其晶粒尺寸定义为 1nm 或者更小。这样一来，就可以将非晶当做一个普通的物相来处理了。Maud 软件的作者卢卡.卢特法（Luca Lutterotti1）通过实验验证了这种方法的可行性。他认为，这种方法可以通用于任何非晶物质的定量。

下面，通过实例来说明含非晶相的物相定量。

应用：在含有非晶的 ZnO＋CaCO 粉末中加入 30％质量分数的 Al_2O_3，需要给样品中各相定量。

步骤 1：数据准备。

① 将测量谱转换成 TXT 文件，数据保存在【maud：ZnO＋CaCO3＋Al2O3】文件夹中；

② 建立 3 个相的 cif 文件；

③ 打开 Maud；

④ 选择菜单命令"File—New—General analysis"，建立一个新精修；

⑤ 选择菜单命令"File—Load Datafile"，读入数据文件；

⑥ 按箭头向左的"水桶"，一个一个地读入 cif 文件。

每调入一个 cif 文件，都要重新输入结构名称，否则容易混淆。另外，暂时只调入 3 个晶体结构，非晶模型暂时不要调入。

⑦ 按下菜单 analysis-compute spectra 命令，显示图 5-26。

步骤 2：结晶相精修。

对加入的 3 个结构做背景、标度因子、晶格常数精修后，晶体相与衍射谱基本吻合。唯有非晶峰没有拟合出来，结果见图 5-27。

背景线不可能精修好，但一定要把晶体相的晶胞参数精修好，以使衍射峰吻合。

步骤 3：加入 Cristobalite（方石英）结构。

对比发现 Cristobalite 的主衍射峰与非晶峰对应较好，考虑到成分也相近，因此，对非

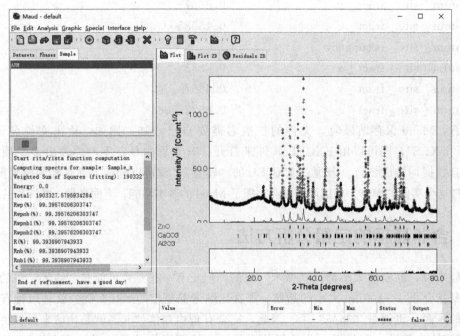

图 5-26　计算衍射谱

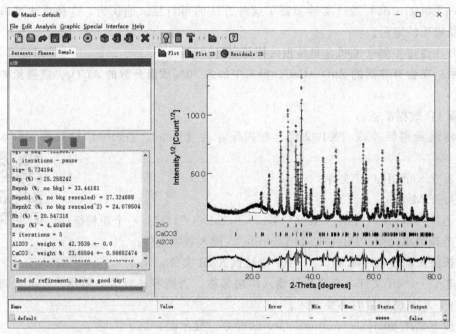

图 5-27　晶体相精修

晶峰以 Cristobalite 为模型。

读入 Cristobalite 结构，修改其晶粒尺寸为 10Å（1nm）（图 5-28）。

步骤 4：修正微结构。

修改完 Cristobalite 的晶粒尺寸为 10Å 后，立即做微结构（Microstructure）修正（不要

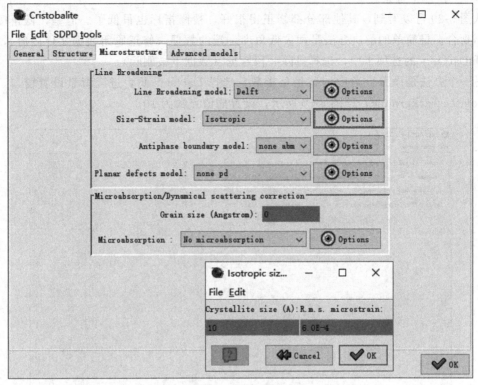

图 5-28　晶体相精修

做其他的）。然后再从 Background and Scale Parameters 开始，一步一步地做下去，一直到 Crystal Structure，得到如图 5-29 所示的结果。

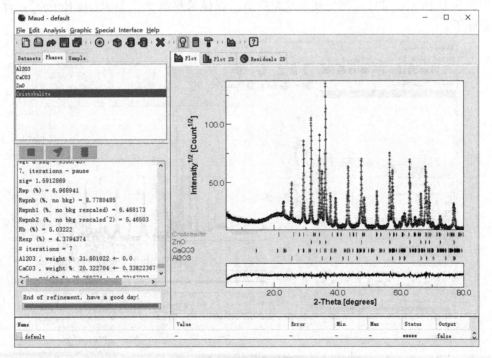

图 5-29　重做精修

步骤 5：修正背景。

从图 5-29 可以看到，其他部分都修正得很好，精修指标也很低了。但是，低角度的背景线不吻合。最简单的解决办法是截去低角度一端的数据（修正原始数据文件内容），或者在打开 Datasets 的选项卡中，选择排除一段数据（数据不被删除）。

另一个办法是设置低角度的背景负指数。选择 Datasets 页，进入背景设置窗口。勾选 Interpolated background，按图 5-30 所示，设置插值点数为 10。

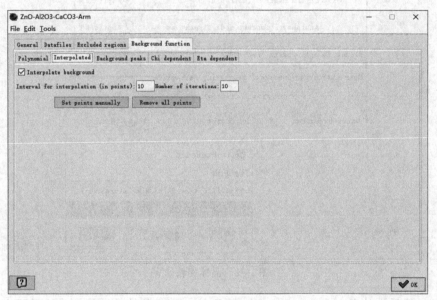

图 5-30　背景插值

如图 5-31 所示，这样，调整好背景参数后，选择菜单命令"Analysis Refine"，背景也被调整好了。

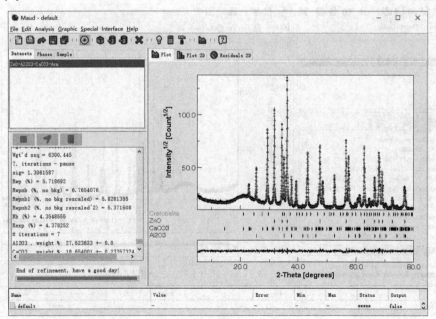

图 5-31　精修完成

步骤 6：保存精修参数。

如图 5-32 所示，展开图谱下端的参数列表，将需要保存参数的 Output 值改成 "True"。

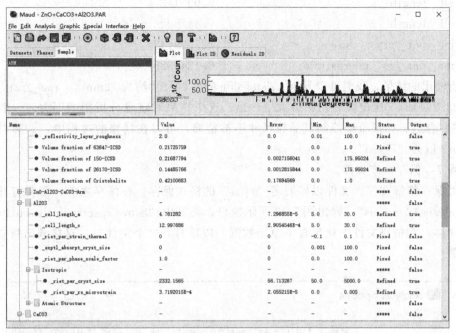

图 5-32　选择保存参数

选择菜单命令 "File—Append result to" 命令，输入文件名和扩展名 ".XLS"。然后用 EXCEL 软件打开，再将数据转置，就可以看到如下的结果。在这里，保存了 Rwp、各相的体积分数、晶胞参数、晶粒尺寸与微应变。

Rwp（%）	5.718692
Volume fraction of 63647-ICSD	0.21725759
Volume fraction of 150-ICSD	0.21687794
Volume fraction of 26170-ICSD	0.14485766
Volume fraction of Cristobalite	0.42100683
_ cell _ length _ a	4.761282
_ cell _ length _ c	12.997686
_ riet _ par _ cryst _ size	2332.1565
_ riet _ par _ rs _ microstrain	3.72E-04
_ cell _ length _ a	6.3793387
_ cell _ length _ b	5.004403
_ cell _ length _ c	8.08936
_ cell _ angle _ beta	107.74716
_ riet _ par _ cryst _ size	1607.8884
_ riet _ par _ rs _ microstrain	8.76E-04
_ cell _ length _ a	3.2506208
_ cell _ length _ c	5.207901

_ riet _ par _ cryst _ size	2817. 2625
_ riet _ par _ rs _ microstrain	2. 15E-04
_ cell _ length _ a	5. 093112
_ cell _ length _ c	7. 447802
_ riet _ par _ cryst _ size	223. 29442
_ riet _ par _ rs _ microstrain	0. 12443267

分析输出的结果，我们可以发现 Cristobalite 的晶粒尺寸约为 22nm（_ riet _ par _ cryst _ size 223.29442），比设置的初始值大了一倍。这个结果对定量分析影响不大，一般控制在 15nm 左右合适。如果希望控制其晶粒尺寸不被精修，可以在精修的过程中，选择对应参数的 Statues 值为 "Fixed"。

步骤 7：保存精修文件。

下面保存精修文件。文件以扩展名 ".par" 的格式保存。在保存之前，需要打开菜单命令 "Analysis—Options"，弹出图 5-33 所示窗口，将其中 "Store spectra in the analysis file" 选中，这样，在精修文件中就包含了原始数据。以后打开这个文件时，直接调出精修过程的全部参数。

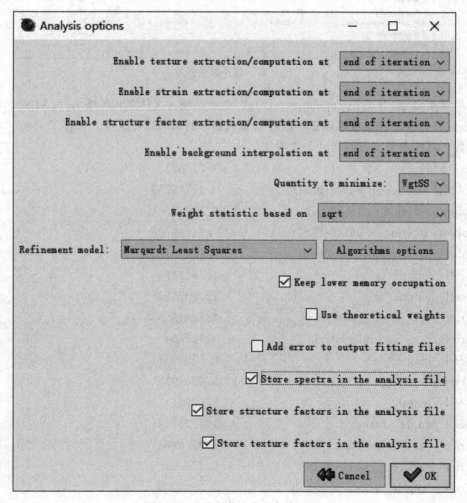

图 5-33　选择精修文件的保存项目

步骤 8：保存图谱。

选择菜单命令"Graphic"。可以打开"Plotting Tools"，将图形复制出来，见图 5-34。

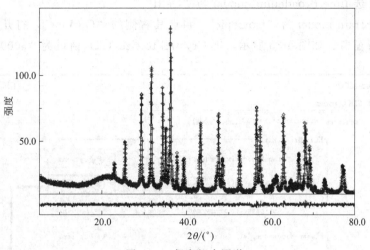

图 5-34 保存拟合图谱

分析到这里就结束了，我们在这里以非晶相的定量方法为主题，顺便提到了微结构初始值的指定、低角度背景线的插值、精修项目的保存、精修参数的保存和拟合图谱的保存等。

5.5 仪器参数设置

正如在 Jade 中需要建立仪器角度校正曲线和仪器宽度曲线一样，在精修软件中都需要这两个参数。现在来了解如何测量一个典型的仪器宽度，并将其存储在 Maud 软件中，供以后使用。这一分析步骤是测量晶粒尺寸和微应变的准备工作。因为衍射峰展宽分析要求将样品的展宽（微晶尺寸和微应变）与仪器产生的展宽分离开来。仪器宽度确定好以后，一直可以使用到更改仪器配置或任何不同的仪器设置。这些更改包括狭缝、光束尺寸、测角仪半径、单色器等。

在做分析之前，要准备一个标准样品。标准样品可以选择 KCl、Y_2O_3、LaB_6 或者 Si 等。要求结晶完好，没有缺陷，而且晶粒大小为 $1\sim10\mu m$ 大小。然后采用与测量数据相同的实验条件测量出标准样品的衍射图谱。标准图谱的测量应当选择尽可能大的 2θ 扫描范围，以覆盖几乎整个范围内的仪器展宽。

Maud 与其他 Rietveld 程序不同，它不是使用一个公式或者函数来描述仪器宽度。我们将通过拟合标准样本来确定仪器宽度。这可以通过将结构中的尺寸—应变模型设为空，精修结构中 Caglioti 函数的系数。

现在我们开始分析。

步骤 1：新建分析。

新建一个分析，然后调入标准样品的数据和相应的 cif 文件。这里我们使用自测的 Si. TXT 文件为标准数据，相应的 Si. cif 文件为结构。数据保存在【maud：仪器宽度曲线制作】文件夹。

步骤2：修改 Microstructure。

选择 Phases 页中的结构，点击"眼睛"，进入到相编辑窗口（SDPD tool），点击"Microstructure"。选 Line Broadening model 为"Delft"。

点击 Size-Strain model 为"Isotropic"，再点其右侧的"Options"，打开"Size and Microstrain"设置窗口。如图5-35所示，把 Crystallite size（A）值设为"30000"。

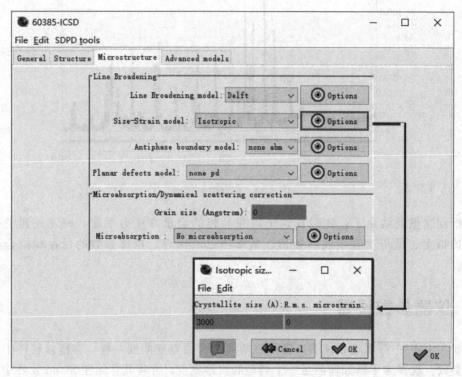

图5-35　设备初始微结构

步骤3：精修微结构。

返回主窗口后，单击"灯泡"，进入"Refinement"，单击窗口右边的"Quantitative analysis"，完成精修（图5-36）。

可以发现，拟合后实验谱与理论谱间吻合度差。可能是择优取向的原因。

步骤4：精修标样的织构。

选择 Phases 页中的结构，点击"眼睛"，进入到相编辑窗口，点击"Advanced models"，见图5-37。

在 Texture 中选择"Harmonic"，再点击右侧的"Options"，弹出图5-38的窗口。

在 Sample symmetry 中，选"m3m"，在 Lmax 标杆移动至12以上，点击 OK。

选择 Phases 页中的结构，点击"灯泡"，进入 Refinement。选择"All parameters for texture custom"，单击"GO!"运行。

运行后，拟合后效果不明显，说明这个标样没有织构，这个步骤可以省略。

步骤5：编辑仪器参数。

下面我们来修改仪器配置参数。选择"Datasets"页。单击"眼睛"，进入"File Edit Tools"面板。

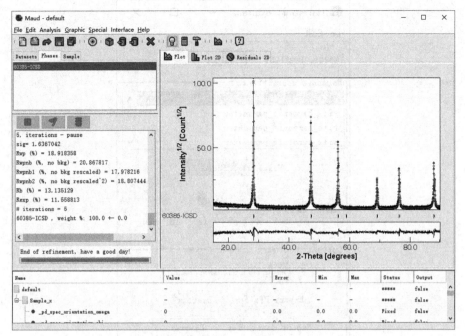

图 5-36　精修仪器宽度

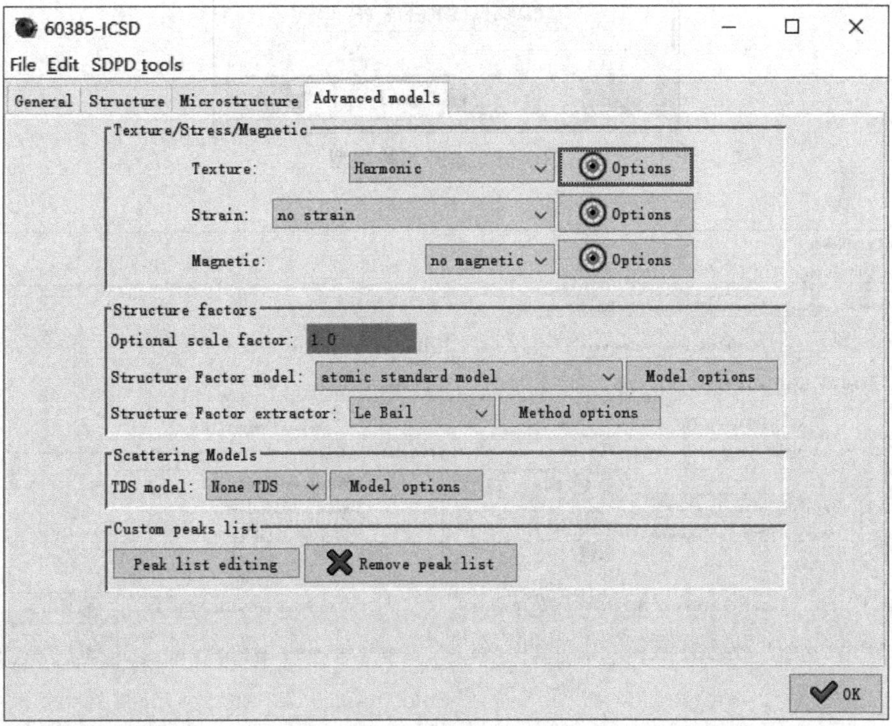

图 5-37　选择织构类型

在"Instrument"版块，点击"Edit"。

在弹出的 Diffraction Instrument 面板中选择最下面一行的 Instrument Broadening 项右侧的"眼睛"，见图 5-39。

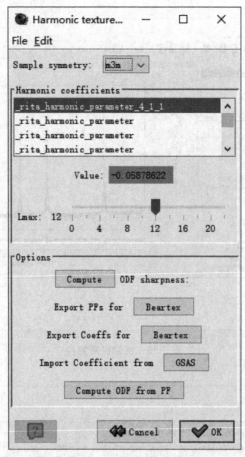

图 5-38　选择织构类型

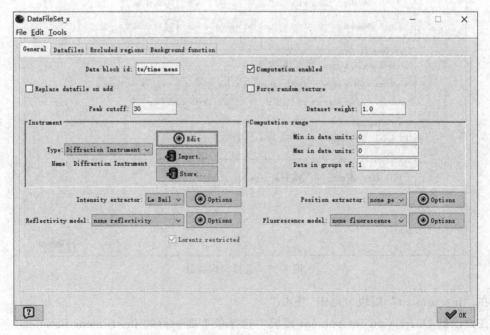

图 5-39　编辑仪器参数

在弹出的窗口中选择"Asymmetry"（图 5-40），改变其 2 个参数的状态：

_ riet _ par _ asymmetry value0——value 选"refined"；

_ riet _ par _ asymmetry value1——value 选"refined"。

选择"HWHM"，改变其 3 个参数的状态：

_ riet _ par _ caglioti _ value0——value 选"refined"；

_ riet _ par _ caglioti _ value1——value 选"refined"；

_ riet _ par _ caglioti _ value2——value 选"refined"。

选择"Gaussianity"，改变其 2 个参数的状态：

_ riet _ par _ gaussian _ value0——value 选"refined"；

_ riet _ par _ gaussian _ value1——value 选"refined"。

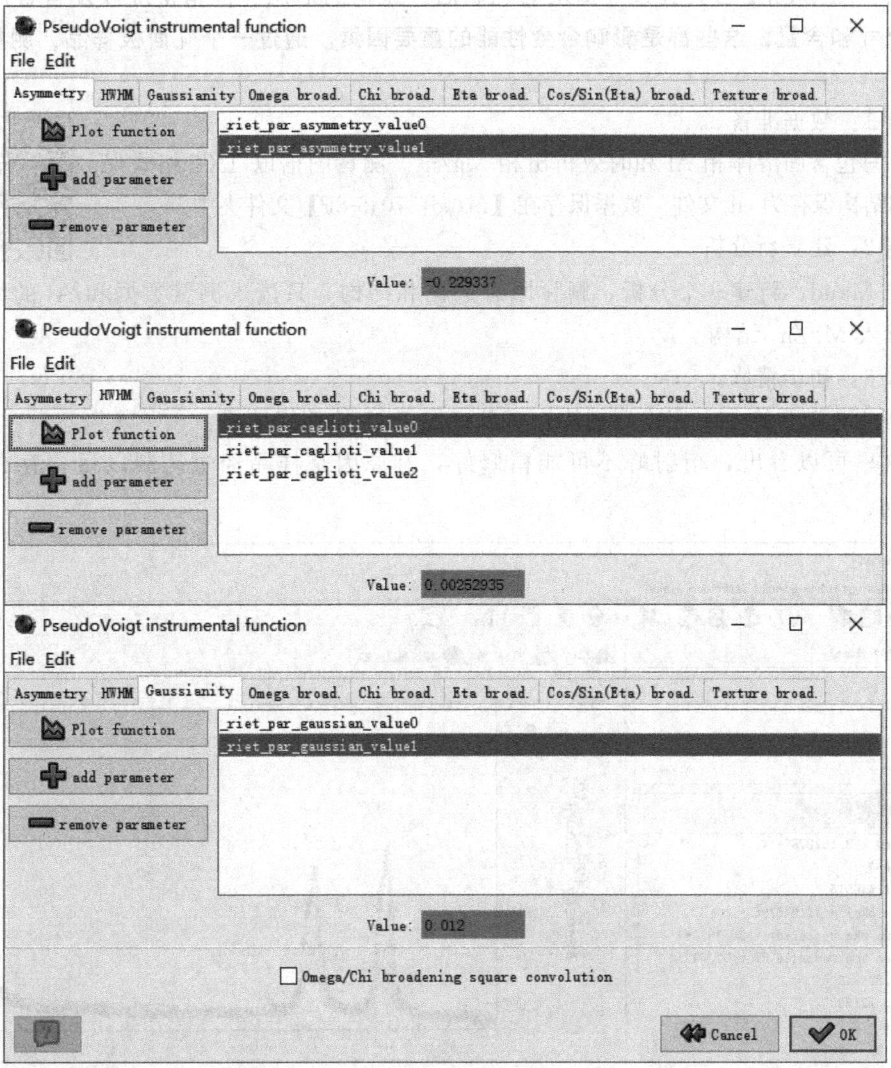

图 5-40　编辑仪器参数

步骤 5：保存。

修改完成后，转入主菜单单击"锤子"，开始精修当前变量。可以发现拟合吻合度越来越好。拟合完成。

最后，选择"File—Save analysis"，分析结果以 ∗.par 文件存储。仪器参数保存完成。

仪器参数做完后，系统自动保存，以后在读入数据时，会自动调取仪器参数。

5.6 含织构样品的定量分析

织构是影响衍射强度匹配的主要组织状态。在这里，我们以织构为主题，同时另外两个重要的问题我们也将讨论，其一是合金中主相的微观应变，其二是合金中第二相的析出量和晶粒尺寸。

应用：Al-Zn-Mg 合金经过 8 道次的轧制后，织构的形态、位错密度以及合金中第二相的晶粒尺寸和含量，这些都是影响合金性能的重要因素。通过一个轧面板样品，测量出这些参量。

步骤 1：数据准备。

样品只包含固溶体相 Al 和时效析出相 $MgZn_2$。测量图谱以 TXT 格式保存。物相结构保存为 cif 文件。数据保存在【maud：7046-8P】文件夹中。

步骤 2：建立新分析。

打开 Maud，新建一个分析，删除原有数据和结构，只读入测量数据和 Al 的结构，暂时不要读入 $MgZn_2$ 结构。

步骤 3：初步精修。

数据从背景开始，一直修到结构，得到如图 5-41 的精修结果：

从这里可以看出，衍射峰不可能精修好，其原因是样品经过轧制以后，存在强烈的择优取向。

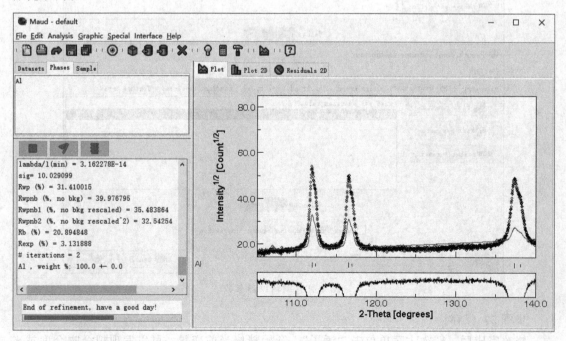

图 5-41　基础精修

步骤 4：修正织构。

选择 Phases 页，单击"眼睛"按钮，进入相编辑窗口。

选择"Advanced models"，在 Texture 项目中选中"Harmonic"，再单击 Options 按钮，弹出图 5-42 窗口。

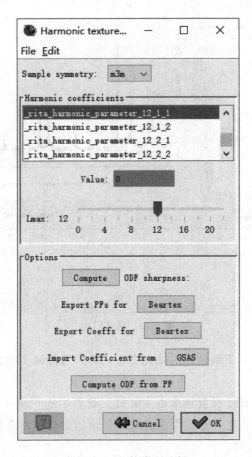

图 5-42　织构类型选择

其中，Sample symmetry 分为 12 种，即 11 种"劳厄群"和"丝织构"。在这里，我们选择"m3m"，然后，把 L_{max} 滑动条拖到 12，织构类型就选择完成了。返回再继续精修，一直修到"All partmeters for texture"。当我们有物相的结构时，结构文件中都标明了空间群和空间群编号。劳厄群的选取，参考 I 册表 2-4 中劳厄群与空间群的对应关系。附录 1 直接列出了晶系、点群、劳厄群和空间群的一一对应关系。

如图 5-43 所示，织构精修的目的已经达到，整个衍射谱除在 42°左右有较大起伏外，其他都非常满意了。

步骤 5：微量相精修。

现在加入 $MgZn_2$ 的结构，并且将它的晶粒尺寸改成 100Å，再精修一遍。

会发现虽然整个残差线由于 $MgZn_2$ 的加入变得平直。但打开参数列表，看到 $MgZn_2$ 的晶粒尺寸没有被修正。

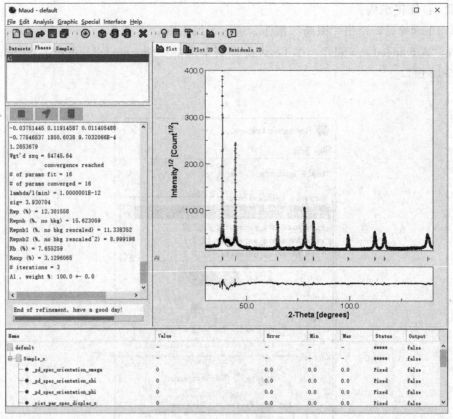

图 5-43　精修织构

这正是一般精修软件对于微量相的处理方法，即尽可能减少微量相参数的修正。现在将其 Status 改成"Refined"。

不要关闭参数列表，直接反复地单击主窗口工具栏中的"锤子"对这个变量进行修正，将会发现这两个值一直在变化，最后停留在某一个值的附近不再变化。

步骤 6：查看 Al 的织构。

选择菜单"Graphic—Texture plot"，打开图 5-44 所示的窗口。

由于只测量了一个方向（轧面）的衍射谱图，所以现在只能计算出反极图来。

选中"Inverse pole figures"，再单击"Plot"，选择好绘图参数。就可以显示反极图（图 5-45）。

这里，看到的 3 个反极图是相同的，这里只需要一个反极图，另外 2 个没有意义。从反极图可以看出，合金最强烈的取向是（111），第 2 取向是（100）。对比图谱可知，结果是正确的。

其他结果可以从参数列表中输出。

Rwp（%）	8.543328
Volume fraction of Al	0.9684673
Volume fraction of MgZn2	0.03153271
_ cell _ length _ a	4.050573
_ riet _ par _ cryst _ size	2058.7688

_ riet _ par _ rs _ microstrain	0.001041848
_ cell _ length _ a	5.233
_ cell _ length _ c	8.566
_ riet _ par _ cryst _ size	54.640625
_ riet _ par _ rs _ microstrain	1.17E-04

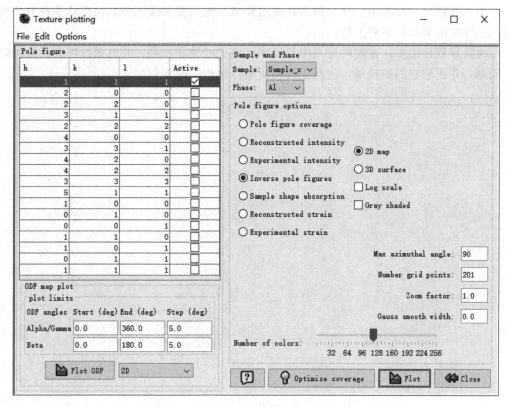

图 5-44　绘制织构

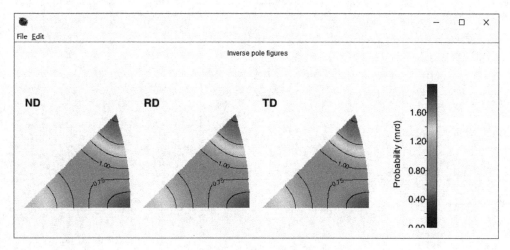

图 5-45　铝合金反极图

这一章对 Maud 软件的使用作了一个基本介绍，但 Maud 的功能远不止这些，除了一般的精修外，精修织构和应力是它的特色。

Maud 与 Jade 的精修功能相比，其突出特点主要有三点：①针对含有织构的样品，可以对织构进行精修，尽管 Jade 9 使用球函数也能解决一些简单织构的问题，但没有 Maud 这么方便快捷和有效；②当晶粒形状不是球形时，Jade 往往没有很好的办法来解决，而 Maud 设计了多元函数来拟合晶粒形状，从而对于异形晶粒的晶粒大小和微观应变计算变得简单而有效；③用"晶粒尺寸特别小"这一概念，通过晶体结构模型来模拟非晶散射峰是很有特色和有效的一种解决非晶问题的方法。

结构精修软件很多，在实际应用中可以掌握两三种较好软件，并且通过不同的软件解决同一问题，并比较它们的结果，这是正确解决晶体结构问题常用的方法。

第**6**章

非晶态物质结构的X射线衍射分析

非晶态物质虽然不具有长程有序结构，但是具有短程有序的特征。

非晶广角散射技术的硬件和软件在近年来已有明显的改善。随着实验室普通衍射仪的光源强度、聚焦光学附件以及高能量分辨率的高效探测器的发展，普通衍射仪已可以满足非晶散射的要求。但由于可选光源阳极物质（Mo、Ag、In 等）的限制，如果需要用更短波长的 X 射线来获取更高的衍射角范围数据，还是需要借助同步辐射源的支持。

随着硬件的发展，非晶广角散射研究的软件也有同步的改良。各个衍射仪厂家也有相对应的 PDF 分析软件或模块，并且很多共享软件也随之发展起来，如 RMC Profile 和 PDFgui 软件等。在应用方面，近年来非晶态材料的研究备受关注，特别是玻璃态的 MOF 材料。传统材料科学认为，玻璃可以被分为无机、有机和金属三大玻璃家族，构成其结构的主要化学键型分别是离子共价混合键、共价键和金属键。金属有机骨架（MOF）玻璃是近年来发明的一种全新结构的有机无机配位玻璃，被誉为第四类玻璃，在气体吸附存储、气体分离、质子传导、超宽中红外发光、新型电池等领域表现出优异的性能和巨大的应用潜力。

在这一章中，学习通过广角 X 射线散射方法确定非晶态物质中的原子间距。

6.1 非晶态物质结构的主要特征

（1）长程无序

晶体结构的基本特征是它的周期性，即通过点阵平移可以与自身重合。而在非晶态结构中，这种周期性就不存在了，像点阵及晶胞参数等概念也就失去了它的意义。所以说，非晶态结构的主要特征是长程无序。长程无序的形成是在液态下形成原子分布的无序态，然后以急冷的方式固化，将无序态保留下来形成非晶态固体。

在非晶态结构中，原子分布可以用下列函数形式表达。

$J(r)=4\pi r^2 \rho(r)$——径向分布函数，简称 RDF；

$g(r)=\rho(r)/\rho_a$——双体几率密度函数；

$G(r)=4\pi r[\rho(r)-\rho_a]$——约化径向分布函数。

式中，$\rho(r)$ 为距原点 r 处单位体积内原子数目的平均值，即原子分布的数密度；ρ_a 为由零到无穷大范围内 $\rho(r)$ 的平均值。

从双体几率密度函数 $g(r)$ 的含意来看，对完全无序分布态，当原子间距大于原子直径时，$g(r)=1$。对非晶态物质的实验表明，当 r 大于几个原子间距时，$g(r)=1$，这说明，长程无序是非晶态结构的主要特征。

（2）短程有序

非晶态物质的密度一般与同成分的晶体和液体相差不大，这说明三种状态下的原子平均距离相差不大。假如将原子的相互作用看作主要是原子间距的函数，那么结合成凝聚态的结合能可以看作是原子结合能的叠加。由此可见，三种状态下的电子运动状况一般不会有太大的突变。事实上，非晶态金属保持金属特性，非晶态半导体和绝缘体也都保持它们的半导体和绝缘体特性。可见，非晶态与晶态的最近邻原子间的关系是类似的，这表明非晶态结构存在着短程有序。对非晶态物质的实验结果表明，当 r 值在几个原子间距之内时，$g(r) \neq 1$，出现明显地起伏。非晶态中的短程有序只在最近邻关系上，与晶体类似，而在次近邻关系上就有明显的差别。

（3）各向同性

非晶态材料结构被看作是均匀的，各向同性的，这主要是指宏观意义而言。当缩小到原子尺寸时，也是不均匀的。

（4）亚稳态

一般而言，熔点以下的晶态总是自由能最低的状态。非晶态固体总有向晶态转化的趋势。所以说，它处于亚稳态。实验表明，非晶态的晶化过程往往是很复杂的，有时要经过若干个中间阶段。

6.2 非晶态结构的径向分布函数

6.2.1 单一品种原子的径向分布函数

假定非晶态物质中只含一种原子。假设 r_m 为其中任一原子 m 的位矢量，以单电子散射为基本单位。原子的相干散射位相差 ϕ_m 为：

$$\phi_m = 2\pi \frac{\boldsymbol{S}_1 - \boldsymbol{S}_0}{\lambda} r_m = \boldsymbol{S} \cdot \boldsymbol{r}_m$$

式中 $\boldsymbol{S}_0$、$\boldsymbol{S}$——分别为入射线和衍射线的单位矢量；

λ——入射线的波长。

$$S = 2\pi \frac{\boldsymbol{S}_1 - \boldsymbol{S}_0}{\lambda} = 4\pi \sin\theta / \lambda$$

假定试样中有 N 个原子参加散射，其相干散射强度 I_N 为：

$$I_N = \sum_m f_m \exp(i\boldsymbol{S} \cdot r_m) \sum_n f_n \exp(-i\boldsymbol{S} \cdot r_n) = \sum_m \sum_n f_m f_n \exp(i\boldsymbol{S} \cdot \boldsymbol{r}_{mn}) \tag{6-1}$$

式中，m、n 表示空间 r_m、r_n 位置的原子，$r_{mn} = r_m - r_n$。对指数项取其平均值

$$\langle \exp(i\boldsymbol{S} \cdot \boldsymbol{r}_{mn}) \rangle = \frac{\sin S r_{mn}}{S r_{mn}}$$

于是

$$I_N = \sum_m \sum_n f_m f_n \frac{\sin S r_{mn}}{S r_{mn}} \tag{6-2}$$

由于只含一种原子 $f_m = f_n = f$，故可将式（6-2）写成

$$I_N = N f^2 \sum_m \frac{\sin S r_{mn}}{S r_{mn}} \tag{6-3}$$

在处理式(6-3) 中的求和时，每个原子轮流作参考原子，每个原子与自身作用共有 N 项，每项的值都为 1，即当 $m=n$ 时，$r_{mn} \to 0$，故 $\dfrac{\sin S r_{mn}}{S r_{mn}} \to 1$，于是可将式(6-3) 写成

$$I_N = Nf^2 \left(1 + \sum_{m'} \frac{\sin S r_{mn}}{S r_{mn}}\right) \tag{6-4}$$

对 m' 求和表示对 $m \neq n$ 的情况求和。在非晶态结构中，以参考原子为中心的原子分布是球对称的。假设距参考原子 r 处单位体积内的原子数为 $\rho(r)$，则半径为 r、厚度为 $\mathrm{d}r$ 的球壳内原子数应为 $4\pi r^2 \rho(r)\mathrm{d}r$。这时可以把参考原子周围的原子分布看成是连续分布。因此，可将求和用积分取代。于是有：

$$I_N = Nf^2 \left[1 + \int_0^\infty 4\pi r^2 \rho(r) \frac{\sin S r}{S r} \mathrm{d}r\right] \tag{6-5}$$

令 ρ_a 为试样中的平均原子密度，式(6-5) 可以改写成如下形式

$$I_N = Nf^2 \left\{1 + \int_0^\infty 4\pi r^2 [\rho(r) - \rho_a] \frac{\sin S r}{S r}\mathrm{d}r + \int_0^\infty 4\pi r^2 \rho_a \frac{\sin S r}{S r}\mathrm{d}r\right\} \tag{6-6}$$

式(6-6) 右边最后一项代表具有严格均匀电子密度物体的散射强度，这种散射只发生在很小的角度上，当 $\theta > 3°$ 时就可忽略不计，而在 $\theta < 3°$ 时往往被入射束掩盖，一般是测不到的。如果我们只考虑所能探测到的强度时，便可删去这一项，于是可简化为：

$$I_N = Nf^2 \left\{1 + \int_0^\infty 4\pi r^2 [\rho(r) - \rho_a] \frac{\sin S r}{S r}\mathrm{d}r\right\} \tag{6-7}$$

令 $I(S) = I_N / Nf^2$ 称为干涉函数，它是原子间的相干散射强度与单个孤立原子散射强度之比。或令 $i(S) = I(S) - 1$，将 $Si(S)$ 称为约化干涉函数。

$$I(S) = 1 + \int_0^\infty 4\pi r^2 [\rho(r) - \rho_a] \frac{\sin S r}{S r}\mathrm{d}r \tag{6-8}$$

或写成

$$S[I(S) - 1] = 4\pi \int_0^\infty r[\rho(r) - \rho_a]\sin S r\,\mathrm{d}r \tag{6-9}$$

利用傅立叶变换原理可得：

$$r[\rho(r) - \rho_a] = \frac{1}{2\pi^2}\int_0^\infty S[I(S) - 1]\sin S r\,\mathrm{d}S \tag{6-10}$$

经整理后便可得到径向分布函数 $J(r) = 4\pi r^2 \rho(r)$ 的表达式：

$$4\pi r^2 \rho(r) = 4\pi r^2 \rho_a + \frac{2r}{\pi}\int_0^\infty S[I(S) - 1]\sin S r\,\mathrm{d}S \tag{6-11}$$

式(6-11) 中的 $I(S)$ 可以从实验中测得，ρ_a 可通过下式计算：

$$\rho_a = \frac{N_A \rho}{A \times 10^{24}} \tag{6-12}$$

式中，ρ 为密度；N_A 为阿伏伽德罗常数；A 为原子量。

利用处理过的实验数据，通过式(6-11) 便可计算出径向分布函数 $J(r) = 4\pi r^2 \rho(r)$。绘制 $J(r)$ 对 r 的分布曲线，如图 6-1 所示。由径向分布函数 $J(r)$ 给出的结构信息为：①$J(r)-r$ 曲线上的峰位（r 值）给出各配位球壳的半径；②峰面积代表各配位球壳中的原子数目；③峰宽度表示各配位球壳中原子位置的不确定性。

各配位球壳层的平均距离，一般不直接用 $J(r)$ 的峰位表示，而是用双体几率密度函数

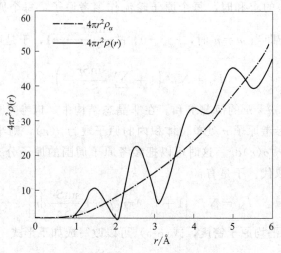

图 6-1　碳黑的径向分布函数

$g(r) = \rho(r)/\rho_a$ 来表达。由式(6-10) 可得，$r[\rho(r) - \rho_a] = r\rho_a[g(r) - 1]$，于是

$$g(r) = 1 + \frac{1}{2\pi^2 r \rho_a} \int_0^\infty S[I(S) - 1] \sin Sr \, dS \tag{6-13}$$

在非晶态结构分析中也常用约化径向分布函数 $G(r) = 4\pi r[\rho(r) - \rho_a]$，将式(6-10) 乘以 4π 可得：

$$G(r) = \frac{2}{\pi} \int_0^\infty S[I(S) - 1] \sin Sr \, dS \tag{6-14}$$

6.2.2　多元非晶态结构的径向分布函数

非晶态物质由多种原子组成，整个系统可看成是由许多结构单元构成。例如，SiO_2 玻璃，就是以 SiO_2 作为结构单元。假定试样中有 N 个结构单元，每个结构单元有 P 个不同品种 (m, n) 的原子。根据式(6-4) 的处理方法，多元非晶态物质的相干散射强度为：

$$I_N = N \sum_p f_P^2 + \sum_m^{m \neq n} \sum_n f_m f_n \frac{\sin Sr_{mn}}{Sr_{mn}} \tag{6-15}$$

该式右边第一项是在一个结构单元中对所有原子求和，不管原子品种，第二项是对每对原子求和，不管它们属于哪个结构单元。

根据式(6-5) 的处理方法，引入原子的球对称分布函数，各类原子轮流作参考原子，并用 $\rho_m(r)$ 表示半径为 r 处单位体积内各类原子的平均数。于是可将式(6-15) 改写成积分形式：

$$I_N = N \sum_m f_m^2 + N \sum_m f_m \int_0^\infty 4\pi r^2 \rho_m(r) \frac{\sin Sr}{Sr} \, dr \tag{6-16}$$

由于 f_m 和 $\rho_m(r)$ 都是 S 的函数，不能直接对式(6-16) 进行傅立叶变换，所以必须作近似处理。为此，用电子散射因数 f_e 来表达原子散射因数，

$$f_m = K_m f_e \tag{6-17}$$

式中，K_m 为 m 原子中的有效散射电子数，它随 $\sin\theta/\lambda$ 略有变化，如果取其平均值，则可将 K_m 作为常数处理。于是原子的密度函数 $\rho_m(r)$ 可以用电子的密度函数 $e_m(r)$ 表达

$$\rho_m(r) = f_e e_m(r) \tag{6-18}$$

将式(6-17) 和式(6-18) 代入式(6-16) 得

$$I_N = N \sum_m f_m^2 + 4\pi N f_e^2 \int_0^\infty \left[\sum_m K_m e_m(r) \right] r^2 \frac{\sin Sr}{Sr} dr \tag{6-19}$$

利用式(6-5) 到式(6-7) 的处理方法，对式(6-19) 引入平均电子密度 e_a，并去掉可以忽略不计的中心散射项，便可得到

$$I_N = N \sum_m f_m^2 + 4\pi N f_e^2 \int_0^\infty \sum_m K_m [e_m(r) - e_a] r^2 \frac{\sin Sr}{Sr} dr \tag{6-20}$$

令 $i(S) = \left(\dfrac{I_N}{N} - \sum_m f_m^2 \right) / f_e^2$

可将式(6-20) 改写成

$$Si(S) = 4\pi \int_0^\infty \sum_m K_m [e_m(r) - e_a] r \sin Sr \, dr \tag{6-21}$$

根据傅立叶变换的公式可得

$$\sum_m K_m [e_m(r) - e_a] r = \frac{1}{2\pi^2} \int_0^\infty Si(S) \sin Sr \, dS \tag{6-22}$$

或写成

$$4\pi r^2 \sum_m K_m e_m(r) = 4\pi r^2 e_a \sum K_m + \frac{2r}{\pi} \int_0^\infty Si(S) \sin Sr \, dS \tag{6-23}$$

式(6-23) 是多种原子系统的径向分布函数 $J(r) = 4\pi r^2 \sum_m K_m e_m(r)$ 的表达式。$J_m(r)$ 表示结构单元内每种原子 RDF 的叠加，$J_m(r) - r$ 关系曲线的峰位给出试样中各种原子的间距，峰面积表示近邻原子的数目。

测定径向分布函数分为两个主要步骤：①由实验数据计算 $i(S)$ 函数的数值；②进行 $\int_0^\infty Si(S) \sin Sr \, dS$ 积分的数值计算。然后绘制径向分布 $J_m(r)$、双体几率密度函数 $g_m(r)$ 和约化径向分布函数 $G_m(r)$ 的函数曲线图，如图 6-2 所示，以进行原子分布的短程序分析。

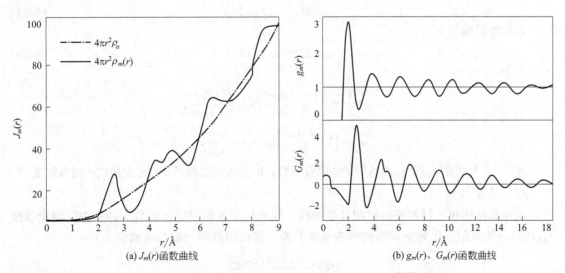

(a) $J_m(r)$函数曲线　　　　　　(b) $g_m(r)$、$G_m(r)$函数曲线

图 6-2　非晶态合金的 $J_m(r)$、$g_m(r)$、$G_m(r)$ 函数曲线

6.3　实验与数据处理

6.3.1　衍射强度分布 I_M（2θ）的测量

RDF 的测定要求采用精细的实验技术。衍射强度 $I_M(2\theta)$ 的测量要在高稳定、高分辨和强光源的现代衍射仪上进行。要用晶体单色器，选用步进扫描测量方法。

由于 RDF 公式（6-11）和式（6-23）中的积分要求将强度测量扩展到很大的 S 值，因此有时要选用较短的辐射波长，例如 MoK_α 或 AgK_α。用这种辐射，S 的上限（约 $2\pi/\lambda$）值分别为 17Å^{-1} 和 22Å^{-1}。当然这种要求是相对的，因为式（6-5）和式（6-19）中的积分，当 S 值相当大时趋近于零。所以在实际测量时，只要把散射强度测到一个足够大的角度，以保证 $I(S)$ 达到稳定的零值就可以了。对多数情况，S 值取到 $8\sim10\text{Å}$ 可满足要求。

非晶态物质的衍射与晶态物质不同，在所有角度上都产生相干散射。因此要在各个角度上连续地记录散射强度。在非晶态物质的 $I_M(2\theta)$ 曲线上，非相干散射、连续谱和空气散射等都叠加在试样的相干散射强度上，不存在明确的背底现象。

6.3.2　数据处理

实验测量的衍射强度 $I_M(2\theta)$ 包含着偏振因数和吸收因数的影响以及非相干散射、多次散射和空气散射的贡献，必须扣除或修正这些影响，然后再对校正过的数据进行标准化处理。

（1）空气散射的扣除

可以采用测量空白背底计数的方法扣除空气散射的影响。即在试样架上不装试样进行空白计数测量其散射强度 $I_B(2\theta)$。然后利用下式推算出空气散射的散射强度 $I_{BS}(2\theta)$。

对称背射测量方法：

$$I_{BS}(2\theta)=\alpha_r I_B(2\theta) \tag{6-24}$$

对称透射测量方法：

$$I_{BS}(2\theta)=\alpha_t I_B(2\theta) \tag{6-25}$$

式中

$$\alpha_r=\frac{1}{2}+\left(\frac{1}{2}-\frac{t\cos\theta}{RS}\right)\exp\left(-\frac{2\mu t}{\sin\theta}\right)$$

$$\alpha_t=\left(1-\frac{t\sin\theta}{RS}\right)\exp\left(-\frac{2\mu t}{\cos\theta}\right)$$

式中，t 为试样厚度；μ 为试样的线吸收系数；R 为测角仪圆半径；S 为接收狄缝角宽度。

（2）偏振校正

试样和晶体单色器都使衍射线发生偏振。偏振校正就是用偏振因数 $P(\theta)$ 去除测量强度 $I_M(2\theta)$，使其归一化到非偏振的参考基准上去。偏振因数的一般表达式为

$$P(\theta)=\frac{1+B\cos^2 2\theta}{1+C} \tag{6-26}$$

对各种不同情况，$P(\theta)$ 的表达式各异。不使用单色器时：$B=C=1$；使用理想完整结

构的单色器（如水晶）时，$B = |\cos 2\alpha|$；使用理想嵌镶结构的单色器（如石墨）时，$B = \cos^2 2\alpha$；单色器置于衍射束时，$C = 1$；单色器置于入射束时，$C = B$。

例如，对常用的衍射束石墨单色器：

$$P(\theta) = \frac{1 + \cos^2 2\alpha \cos^2 2\theta}{2} \tag{6-27}$$

式中，2α 为单色器的衍射角；2θ 是衍射角。

（3）吸收校正

用常规衍射仪测量无穷厚（$\mu t > 3.45\sin\theta$）的试样时，吸收因数 $A = 1/(2\mu)$ 与衍射角无关，但由急冷或气相沉积制成的非晶态材料，其厚度只有数十个微米以下，因此必须进行吸收校正。所谓吸收校正就是用吸收因数 $A(\theta)$ 去除测量强度 $I_M(2\theta)$。随测量方法的不同，吸收因数的表达式也各异。

对称背射测量方法：

$$A(\theta) = \frac{1 - \exp(-2\mu t / \sin\theta)}{2\mu} \tag{6-28}$$

对称透射测量方法：

$$A(\theta) = \frac{\sec\theta}{\exp[-\mu t(1 - \sec\theta)]} \tag{6-29}$$

式中，μ 和 t 分别为试样的线吸收系数和厚度。

（4）强度数据的标准化

经过校正的衍射强度为：

$$I_C(2\theta) = \frac{I_M(2\theta) - I_{BS}(2\theta)}{P(\theta)A(\theta)} \tag{6-30}$$

通过 $S = 4\pi\sin\theta/\lambda$，将 $I_C(2\theta)$ 转换成 $I_C(S)$。这时的强度仍然是任意单位的相对强度，它随实验条件而变。为了使不同实验条件下的实验结果可以互相对比，必须对衍射强度进行标准化处理。所谓强度数据标准化就是以电子散射强度 I_e 为单位，用单一原子散射强度的平均值 $I_A(S) = I_C(S)/N$ 来表达试样的散射强度（N 为试样中参加衍射的原子数）。

实验证明：

$$I_A(S) = \beta I_C(S) \tag{6-31}$$

式中，β 为与 S 无关的比例系数，称为标准化因子。

常用的求标准化因子 β 的方法如下。

① 高角法：从式（6-5）可以看出，当 S 取值很大时，$(\sin Sr)/Sr$ 趋于零，所以 $I_C(S)/N = \langle f^2 \rangle$（平均值）。于是由式（6-31）可得：

$$\beta = \left[\frac{\langle f^2 \rangle + I_N(S) + I_{Mu}(S)}{I_C(S)}\right]_{HA} \tag{6-32}$$

式中，$I_N(S)$ 为非相干散射强度；$I_{Mu}(S)$ 为多次散射强度。

下角 HA 为高角度。为了得到精确的结果，通常取一系列 S 值求平均：

$$\beta = \frac{\displaystyle\int_{S_{\min}}^{S_{\max}} [\langle f^2 \rangle + I_N(S) + I_{Mu}(S)] \, \mathrm{d}S}{\displaystyle\int_{S_{\min}}^{S_{\max}} I_C(S) \, \mathrm{d}S} \tag{6-33}$$

式中，$S_{\min}$ 为 $I_C(S)$ 曲线只有微小波动时对应的 S 值；$S_{\max}$ 为实验所能得到的最大

S 值。

② 径向分布函数法：从式（6-11）可以看出：当 $r \to 0$ 时，$\rho(r) \to 0$，$(\sin Sr)/Sr \to 1$，故有

$$-2\pi^2 \rho_a = \int_0^\infty S^2[I(S)-1]\mathrm{d}S$$

在此基础上可以导出：

$$\beta = \frac{\left[\displaystyle\int_0^{S_{\max}} \frac{\langle f^2 \rangle + I_N(S) + I_{Mu}(S)}{\langle f \rangle^2} S^2 \mathrm{d}S\right] - 2\pi^2 \rho_a}{\displaystyle\int_0^{S_{\max}} \frac{I_C(S)}{\langle f \rangle^2} S^2 \mathrm{d}S}$$

（5）扣除非相干散射和多次散射

非相干散射的数值可以在国际 X 射线晶体学表第三卷中查到。扣除非相干散射的影响就是在式（6-31）中从 $I_A(S)$ 中减去非相干散射强度 $I_N(S)$。多次散射主要是对原子序数低的元素有影响，对一般非晶态物质可忽略不计。

（6）径向分布函数的计算

将经过校正和标准化的散射强度 $I_A(S)$ 代入式（6-11）或式（6-23）便可计算径向分布函数。但在计算积分 $\int_0^\infty S[I(S)-1]\sin Sr \mathrm{d}S$ 时，必须将积分变成分立的级数形式 $\sum_{S_{\min}}^{S_{\max}} S[I(S)-1]\sin Sr \Delta S$ 才能利用计算机进行运算。由于积分极限为 $0 \sim \infty$，但在加和计算时只能在实测到的 $S_{\min}$ 到 $S_{\max}$ 之间进行。这样就产生所谓截断效应。实际上低角截断效应不会有很大的影响。但高角截断效应会使径向分布函数曲线上叠加一定周期的伪峰。消除这些伪峰的方法是在积分式中乘上一个衰减因子 $\mathrm{e}^{-\alpha^2 S^2}$，以便使函数随 S 的增大迅速收敛。

6.4 应用

在理学 SmartLab 型 X 射线衍射仪上，用 Mo 靶测试非晶 SiO_2 粉末的广角散射谱，计算其原子间距离。这里采用 SmartLab Studio Ⅱ 软件处理数据。

下面来介绍数据处理过程。

（1）读入数据

打开 SmartLab Studio II 软件，选择 PDF 功能页。读入非晶 SiO_2 的测量数据，SiO_2 的测量图谱如图 6-3 所示。数据保存在【PDF：SiO_2】文件夹中。

图 6-3 中，曲线的纵坐标为衍射强度，横坐标为 $Q = 4\pi \dfrac{\sin\theta}{\lambda}$，单位为 Å。

（2）读入背景数据

样品周围大气的散射分量需要从测量的总强度中减去。这可以通过在与测量样品完全相同的条件下进行测量来获得，但是不需要安装样品。

选择流程栏 "Load Background Data" 命令，从电脑中读入预先测量的背景数据文件。背景读入后显示如图 6-4 所示。图中下面的细线为背景数据线。

测量背景数据时，被移走的样品对大气的散射是样品被安装时的两倍。因此，如果计数

时间相同，则从安装样品后得到的测量强度中减去该测量强度的一半。所以，设置强度因子 Factor＝0.5。经过校正好的数据如图 6-4 中上面的粗线所示。

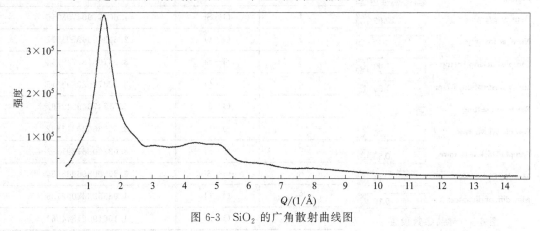

图 6-3　SiO$_2$ 的广角散射曲线图

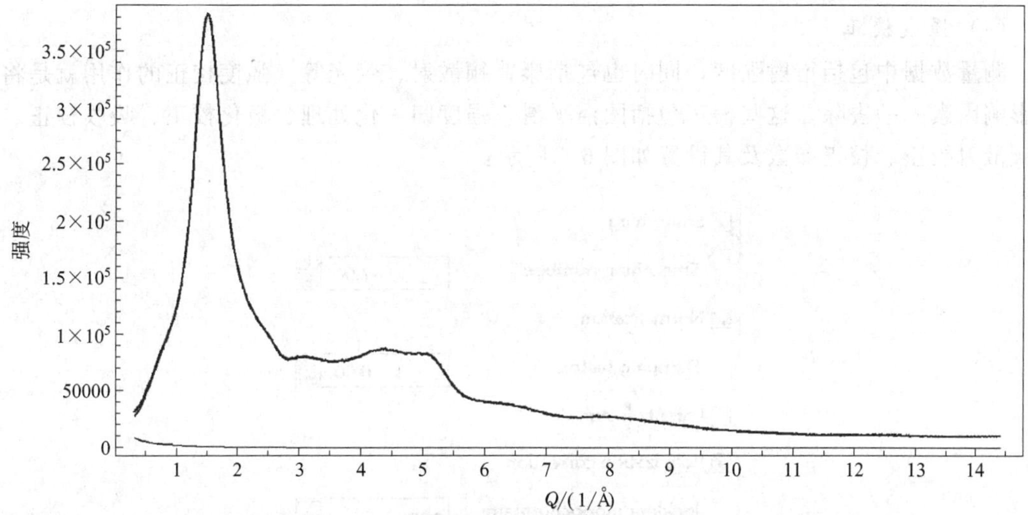

图 6-4　背景强度和衍射强度叠加

（3）设置样品参数

样品参数对测量和处理结果有很大的关系，因此，必须正确设置样品的各种参数，包括材料种类、大小、吸收系数等。样品参数的设置值如下。

① 材料名称：Material＝SiO$_2$（alpha）；

② 密度（g/cm^3）：Density＝2.20；

③ 样品填充因子：Sample Packing Factor＝1；

④ 线吸收系数（1/cm）：Linear Absorption＝7.8；

⑤ 样品宽度（mm）：Sample Width＝1；

⑥ 样品厚度（mm）：Sample Thickness＝0.5；

⑦ 距离的最大个数：Max No Distances＝10；

⑧ 距离的最小差值：Min. diff. of distance＝0.1。

设置结果如图 6-5 所示。

当选择样品后，显示原子邻近距离的数据如表 6-1 所示。

Sample Model

Material: SiO2(alpha)

Density, g/cm³: 2.65

Number Density: 0.0797

Sample Packing Factor: 1.00

Linear absorption, 1/cm: 1.00

Reflection setting: ☑

Sample Width, mm: 1.00

Sample Thickness, mm: 0.50

Max No Distances: 10

Min. diff. of distance: 0.10

图 6-5　样品参数设置

表 6-1　SiO_2 原子邻近距离

序号	键名称	距离/Å
1	O—Si	1.60477904703716
2	O—O	2.61355360701577
3	Si—Si	3.05705181749954
4	O—O	3.32878520998315
5	O—Si	3.51747369042662
6	O—O	3.56586620317492
7	O—Si	3.62360881297133
8	O—Si	3.89506356968934
9	O—O	4.08653332002736
10	O—Si	4.10619621844061

（4）强度校正

测量数据中包括衍射强度，同时也包括康普顿散射、荧光等。强度校正的作用就是将各种影响因素一一去除。这些校正包括图谱平滑、强度归一化处理、极化校正、吸收校正、康普顿散射校正。校正参数及其设置如图 6-6 所示：

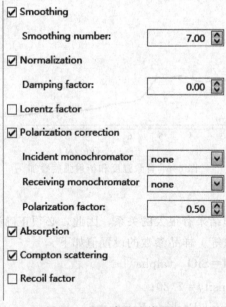

☑ Smoothing

　　Smoothing number: 7.00

☑ Normalization

　　Damping factor: 0.00

☐ Lorentz factor

☑ Polarization correction

　　Incident monochromator: none

　　Receiving monochromator: none

　　Polarization factor: 0.50

☑ Absorption

☑ Compton scattering

☐ Recoil factor

图 6-6　校正参数及其设置

以上各参数的选择按照下面的设置完成。

① 平滑点数：Smoothing number＝7；

② 归一化因子：Normalization—Damping factor＝0；

③ 极化校正因子：Polarization correction＝none；

④ 吸收校正：选择 Absorption；

⑤ 康普顿散射校正：选择 Compton scattering 校正；

⑥ 反常色散校正：选中 Recoil factor 校正。

经校正后的纯散射图谱如图 6-7 所示：

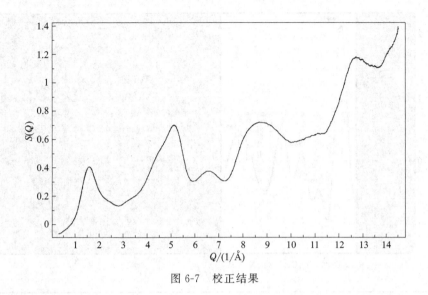

图 6-7　校正结果

（5）计算 PDF

下面开始 PDF 的计算。

参数选择：

单击"Calculate Experimental PDF"流程，显示 PDF Profile 面板。

选择计算函数：$G(r)$、$g(r)$ 或者 $R(r)$。下面以 $G(r)$ 函数的计算为例。

设置：Range＝0.1～10，Step＝0.02，Used Q Range＝0.3～14.6，Method＝DFT。

计算方法的 DFT 和 MEM 两种方法，是指傅立叶变换一次和变换多次。傅立叶变换时可能因截断误差而出现假峰，其中 MEM 方法不容易出现假峰。

设置如图 6-8 所示。

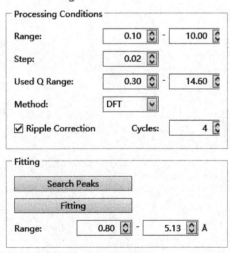

图 6-8　寻峰参数设置

　　然后，单击图 6-8 中的"Search Peaks"按钮，开始寻峰，再单击"Fitting"按钮，进行拟合。得到如图 6-9 所示的拟合结果，得到各个拟合峰的数据。

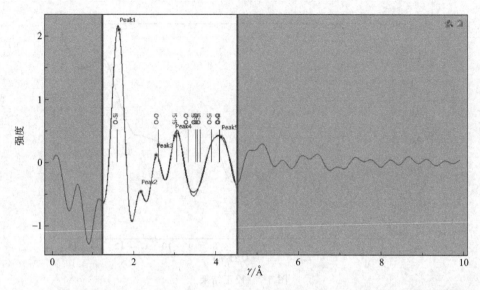

ID	Name	Location	FWHM	RDF peak area
0	Peak1	1.6483	0.37529	2.98200
1	Peak2	2.1828	0.48035	3.75833
2	Peak3	2.5644	0.36499	2.95913
3	Peak4	3.0112	0.59428	6.79987
4	Peak5	4.1286	1.74294	51.44960

图 6-9　拟合结果

　　图 6-9 中显示了 SiO_2 的原子对初始值位置和峰位值。Peak1、Peak3、Peak4 分别为第 1、第 2 和第 3 近邻原子距离（Location，Å）。而 Peak2 则是由于傅立叶变换时截断误差引起的假峰。

第1章

练习 1-1　讨论：分析构件残余应力产生的原因，如何消除有害的应力？

答：构件在制造过程中，将受到来自各种工艺等因素的作用与影响，当这些因素消失之后，若构件所受到的上述作用的影响不能随之而完全消失，仍有部分作用与影响残留在构件内，则这种残留的作用与影响称为残留应力或残余应力。

残余应力是材料中发生了不均匀的弹性变形或不均匀的弹塑性变形而引起的，或者说是材料的弹性各向异性和塑性各向异性的反映。

产生原因如下。

（1）冷、热变形时沿截面弹塑性变形不均匀；

（2）工件加热、冷却时不同区域的温度分布不均匀，导致热胀冷缩不均匀；

（3）热处理时不均匀的温度分布引起相变过程的不同时性。

练习 1-2　讨论：从应力的存在范围来看，在一块冷轧钢板中可能存在哪几种内应力？它们的衍射谱有什么特点？如何计算？

答：从应力的存在范围来看，在一块冷轧钢板中可能存在三种内应力。第一类内应力是在物体较大范围内或许多晶粒范围内存在并保持平衡的应力。通常把第一类应力称为宏观内应力，它能使衍射线产生位移。当多晶材料内存在宏观应力时，不同晶粒中同族晶面的晶面间距随这些晶面相对于内应力方向的改变发生规则的变化，当应力平行于晶面时，该晶面间距变化最小，当应力方向与晶面垂直时，该晶面间距变化最大。根据不同方向测量的晶面间距并引用弹性力学的一些基本关系即可求出宏观应力。

宏观应力的计算公式：$\sigma_\varphi = KM$，式中，$K = -\dfrac{E}{2(1+\upsilon)}\cot\theta_0\,\dfrac{\pi}{180}$，$M = \dfrac{\partial(2\theta)_\psi}{\partial\sin^2\psi}$。

式中，σ_φ 表示 φ 方向的应力；E 为材料的弹性模量；υ 为材料的泊松比；θ_0 为没有应力时的半衍射角。

第二类应力是在一个或少数晶粒范围内存在并保持平衡的内应力。它一般能使衍射峰宽化。第三类应力是在若干原子范围存在并保持平衡的内应力。它能使衍射线减弱。第二类应力和第三类应力称为微观应力，通过衍射峰的宽化来测量。微观应变的计算公式：$\varepsilon = \dfrac{\beta}{4\tan\theta}$，式中，$\beta$ 是衍射峰的宽化；θ 是所测晶面的布拉格角。微观应力为 $\sigma = E\varepsilon = \dfrac{E\beta}{4\tan\theta}$。

练习 1-3　讨论：测量宏观内应力的方法有同倾法（转动 θ 法）和侧倾法，各有什么特点？用转动 θ 法测量宏观残余应力时，选定所使用的 HKL 晶面有哪些原则？

答：特点：转动 θ 法所需机构简单，但需要考虑样品的吸收，需要用高角度线。侧倾法需要额外的转动机构，但可以不考虑样品的吸收，可以使用低角度线进行测量。

转动 θ 法的衍射角应尽可能大，因为高角度线的准确度高；当样品转动 ψ 角时仍有可测的衍射强度（因为如果有某种不适当的织构，可能转动 ψ 角后衍射线强度过低甚至测量不到衍射线，则无法分析）；当转动 ψ 角后，失去半聚焦条件，因此，衍射线变宽，要适当考虑确定衍射线角的方法。

练习 1-4　讨论：宏观应力对 X 射线衍射花样的影响是什么？衍射仪法测定宏观应力的方法有哪些？

答：宏观应力对 X 射线衍射花样的影响是造成衍射线位移。衍射仪法测定宏观应力的方法有 $0°\sim45°$ 法和 $\sin^2\psi$ 法。

练习 1-5　计算：某材料的弹性模量 $E=5600\text{MPa}$，泊松比为 0.4，$\psi=0°$ 和 45° 时测得衍射角分别为 90° 和 92°，那么材料大致存在多大的什么应力？

答：由于 $\cot45°=1$，$\sin^2 45°=0.5$，将此二数据代入 $0°\sim45°$ 的公式中有：

$$\sigma = \frac{E}{2\,(1+\upsilon)}\cot\theta_0\,\frac{\pi}{180}\frac{2\theta_0-2\theta_{45°}}{\sin^2 45°}$$

$$= \frac{5600}{2\times1.4}\times\frac{3.14}{180}\times\frac{-2}{1} = -69.8\text{MPa}$$

所以，材料存在 69.8MPa 的压应力。

练习 1-6　训练：读入数据【08002：9：硬质合金深冷处理后 WC 相的残余应力】，设 $E=540000\text{MPa}$，$\upsilon=0.3$，请计算其残余应力。

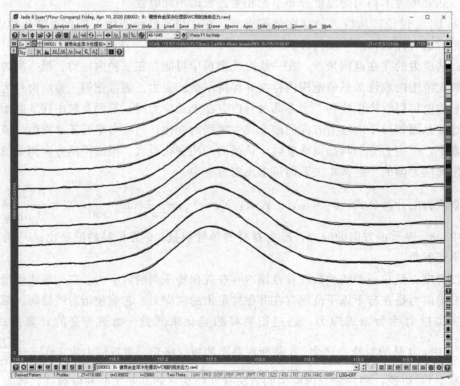

答： 硬质合金由两相组成，主体硬质相为 WC，金属 Co 作为黏结相，其质量分数一般在 20% 以下，因此，测量 WC 相的宏观应力来表征硬质合金残余应力。

实验步骤如下。

读入图谱。打开 Jade，读入数据文件。数据保存在一个文件中（.raw），读入时只需读入一个文件。

打开应力计算对话框。选择菜单命令 "Options │ Calculate Stress"，打开残余应力计算窗口。

输入 ψ 角。在残余应力计算窗口中，在 "Psi-angle" 列上单击，稍等一会出现一个文本框，根据实验设置，输入正确的 ψ 角。

输入弹性模量和泊松比。分别在 "$E=$" 和 "$\upsilon=$" 处的文本框中输入 WC 的弹性模量和泊松比（$E=534.4$，$\upsilon=0.22$）。

拟合谱图。按下 "Fit all"，在窗口中会以图形方式显示出 "$\sin^2\psi$-$\Delta d/d_0$" 图。在窗口的下端显示应力状态。

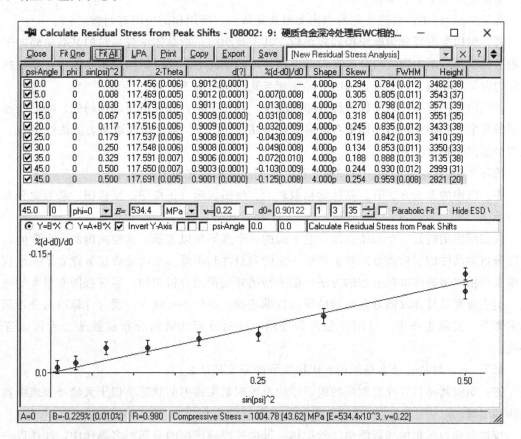

结果显示，$A=0$，表示为二维应力，拟合直线的斜率 $B=-0.229\%$，应力为压应力，Compressive Stress $=(1004.78\pm43.62)$MPa，$E=534400$MPa，$\upsilon=0.22$，$R=0.967$ 为方差误差，是一个较小值。

应力计算结果的正确性和准确性除了与输入的弹性模量和泊松比有关外，计算结果的误差主要来源于图谱拟合的正确性。此时，要回头观察主窗口中的图谱拟合情况是否与测量谱线吻合。

第2章

练习2-1 讨论：试述极图与反极图的区别。

答：极图是多晶体中某 {hkl} 晶面族的倒易矢量（或晶面法线）在空间分布的极射赤面投影图。它取一宏观坐标面为投影面，对板织构可取轧面，对丝织构取与丝轴平行或垂直的平面。在极图上用不同级别的等密度线表达极点密度的分布，极点密度高的部位就是该晶面极点偏聚的方位。

反极图表示某一选定的宏观坐标（如丝轴、板料的轧面法向 ND 或轧向 RD 等）相对于微观晶轴的取向分布，因而反极图是以单晶体的标准投影图为基础坐标的。由于晶体的对称性特点只需取其单位投影三角形，如立方晶体取由 001、011、111 构成的标准投影三角形。

反极图一般用于表示丝织构，在反极图上可以清楚地表达丝织构的种类、强度和漫散程度，而正极图则用于表示板织构。

练习2-2 讨论：简述常见的织构类型及其特点。丝织构的极图有何特点？

答：织构类型可分为丝织构和板织构。其中丝织构是指晶体中各晶粒的某晶向趋向于与丝轴平行，其他晶向则均匀分布在以此方向为轴的锥面上；而板织构是指晶体中各晶粒的某晶向趋向于与轧制方向平行，同时有晶面族与轧制面趋向于平行。

丝织构是一种晶粒取向轴对称分布的织构，存在于拉、轧或挤压成形的丝、棒材及各种表面镀层中。其特点是多晶体中各种晶粒的某晶向 [uvw] 与丝轴或镀层表面法线平行。丝织构的极图呈轴对称分布。

练习2-3 讨论：织构一般如何表达？不同表达形式之间关系如何？

答：织构的表示方法有：晶体学指数表示、极图表示（正极图、反极图）和取向分布函数表示。

极图所使用的是一个二维空间，它上面的一个点不足以表示三维空间内的一个取向，用极图分析多晶体的织构或取向时会产生一定的局限性和困难。取向分布函数建立了一个利用三维空间描述多晶体取向分布的方法，细致精确并定量地分析织构。尽管极图有很大的局限性，但它通常是计算取向分布函数的原始数据基础，所以不可缺少。因为计算取向分布函数非常繁杂，实际工作中，极图还是经常使用，极图分析和取向分布函数法二者可以互相补充。

练习2-4 讨论：什么是织构？织构按取向分类是什么？

答：织构就是具有择优取向的组织结构及规则聚集排列的状态类似于天然纤维或织物的结构和纹理。

按取向分为丝织构和板织构。丝织构：轴向拉拔或压缩的金属或多晶体中，往往以一个或几个结晶学方向平行或近似平行于轴向，这样的织构称为丝织构。板织构：轧制板材的晶体，既受拉力又受压力，因此除了以某些晶体学方向平行轧向外，还以某些晶面平行于轧面，此类织构称为板织构。

练习2-5 训练：分析下面极图中的织构类型，并绘制出 $\varphi_2=0$ 时的 ODF 截面图。

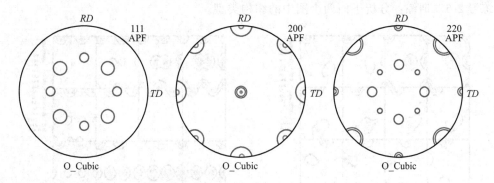

答：对照立方晶系的标准极图，首先可以判断出有立方织构 {001}〈100〉，再将图转动 45°可得出旋转立方织构 {001}〈110〉。可将极图分解为：

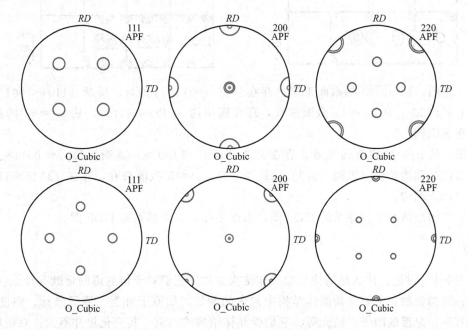

由于立方织构的 ODF 坐标为 000，而旋转立方织构相对于立方织构旋转 45°，可绘制出相应的 $\varphi_2 = 0$ 的 ODF 截面图：

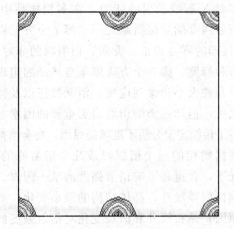

练习 2-6　训练：分析下面两个图中的织构类型。

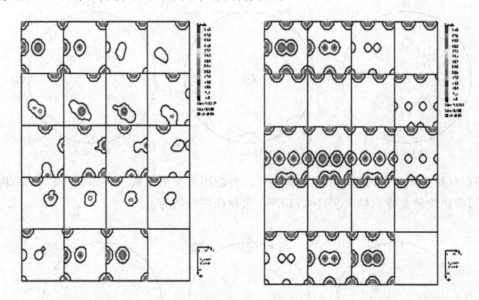

答：左图：从 $\varphi_2=0°$ 的截面来看，存在立方 {001}<100>、高斯 {110}<001>、黄铜 {110}<112>，从 $\varphi_2=45°$ 截面来看，存在铜织构 {112}<111>，从 $\varphi_2=65°$ 的截面来看，存在 S 织构。

右图：从 $\varphi_2=0°$ 的截面来看，存在立方 {001}<100>、高斯 {110}<001>、黄铜 {110}<112>和旋转立方织构 {001}<110>，从 $\varphi_2=45°$ 截面来看，存在 {111}<110>和 {111}<112>织构。

这里左图是面心立方晶系的 ODF 图，右图是体心立方晶系的 ODF 图。

第 3 章

练习 3-1　讨论：什么是结构参数和非结构参数？它们对于衍射谱的贡献有什么区别？

答：结构参数：主要是指晶体结构中包含的参数，如原子种类、原子坐标、温度因子、位置占有率、总温度因子、消光等。它们受晶体结构的约束，其变化量并不大，对衍射强度的影响可能非常小，甚至于在某些情况下可以被忽略。

非结构参数：这些参数来自 3 个方面：第 1 个方面是晶胞参数和标度因子。前者直接影响衍射峰位置；后者是物相对 X 射线散射的能力，在多相样品中，则是物相在试样中的含量的比例因子，它是物相衍射强度的直接贡献之一。第 2 个方面则是仪器参数。包括制样时的样品位移（装样高低）、仪器的零点校正、背景、衍射峰的非对称性等，它们既影响峰位，也影响强度，还影响着峰形和峰宽。第 3 个方面则来自样品的组织状态。包括样品的透明性（样品可以被照射的深度）、晶粒大小、微观应变、消光校正以及择优取向和应力。非结构参数往往与物相的晶体结构无关，但却是影响衍射谱更重要的因素。

练习 3-2　讨论：分析一下传统定量分析不准确的原因，在全谱拟合法中是如何解决的？

答：传统定量方法中根据物相的一个衍射峰或几个衍射峰的积分强度来计算物相的含量。认为在物相确定的情况下，含量是影响衍射强度的唯一因素。

实际上，除了含量影响衍射强度外，晶体结构的微小变化，如元素掺杂、原子位移、空位等也是影响衍射强度的原因；晶粒尺寸和微观变化对衍射强度的影响更大；织构的影响可能是最大的因素之一。所有这些都是导致传统定量方法不准确的原因。

Rietveld 全谱拟合法以整个衍射谱信息而非用几个衍射峰的积分面积来计算。所有这些参数都是可精修的变量。通过对这些参数的修正，使定量结果更加准确。

练习 3-3　讨论：请说明 PDF 卡片和晶体结构之间的关系和不同。

答：PDF 卡片是物相的衍射数据的简化信息，仅仅包含各个衍射峰的衍射角和相对积分强度。PDF 卡片上并无物相的晶体结构信息，除衍射数据外，还标注了物相的点阵类型和晶胞参数。这些数据是通过衍射数据指标化得到的。

晶体结构卡片上仅仅是物相的晶体结构信息，并不衍射数据信息。晶体结构包括了点阵类型、晶胞参数、晶体中包含的原子种类和位置，以及由此计算出来的结构因子等。

通过晶体结构可以模拟出物相的衍射谱。

第 4 章

练习 4-1　讨论：一个样品中如果存在两个物相，在做物相鉴定时，其中一个物相 A 找到了其计算卡片，另一个物相 B 则没有找到，只有实验 PDF 卡片，需要对这个样品进行定量时，你会如何做？

答：Rietveld 方法称为晶体结构精修方法，其基本模型是物相的晶体结构，所以，如果某个物相在 Jade 软件中没有找到其"计算卡片"，则没有对应的晶体结构。因此，应当会通过其他途径来查到物相的晶体结构，如 FindIt 软件、COD 网站以及最新发表的论文等。

如果还是没有，"全图拟合"作为 Rietveld 精修的扩展功能，Jade 可以对结构相和非结构相作混合精修，只需 PDF 卡片上的 RIR 值数据，还是可以完成物相定量的。

练习 4-2　讨论：上面的问题中，如果 B 相的 PDF 卡片都没有，但是有 B 这种物质的纯样品，你又会如何做呢？

答：如果有 B 物质的纯样品，还是可以完成定量分析的。不过，要先做两件事情。

首先，测量 B 物质的 RIR 值，将 B 物质与刚玉粉末按质量分数 1∶1 混合，测量混合物中两相最强峰的积分强度之比。

然后，测量 B 物质的全谱，作为一种物相来作定量分析。

练习 4-3　讨论：一个样品中含有非晶相时，有哪些办法来完成定量分析？

答：（1）往样品中加入一定量的内标物质，通过固定内标物质含量的方法来进行定量。

（2）将非晶相作为一个已知 RIR 的物相来定量。如果已经确定非晶相的 RIR 值，则可以将其视为一个物相来定量。

（3）用已知结构的晶体结构相来模拟非晶峰。通过将晶体相的衍射峰宽化，使其吻合非晶峰，也可以达到定量的目的。

练习 4-4　讨论：一个样品中的两个相都有衍射峰宽化的现象，但宽化的原因却不同，一个是因为晶粒细化引起，而另一个相却是微观应变引起。那么，如何处理？

答：在 Jade 6 中，由于衍射峰宽化规律没有限制，因此，只有在最终观察结果时进行选择。一般物相可以选择"Size & Strain"，但是，如果出现负值，则应根据情况选择"Size only"或"Strain only"。这样就可以避免负值出现。

在 Jade 9 中，选择峰形符合"Size & Strain"，则会自动计算出晶粒尺寸与微观应变。

练习 4-5　训练：先读入数据【07002：2：高温尖晶石.raw】，计算其晶胞参数和微结构，判断是否有微观应变。然后，读入【07002：1：低温尖晶石.raw】，计算其晶胞参数和微结构，判断是否有微观应变。最后，同时读入这个两数据，计算它们的晶胞参数和微结构，以及将它们视为两个不同物相时，它们的含量。

答：（1）第一个数据精修后，得到：

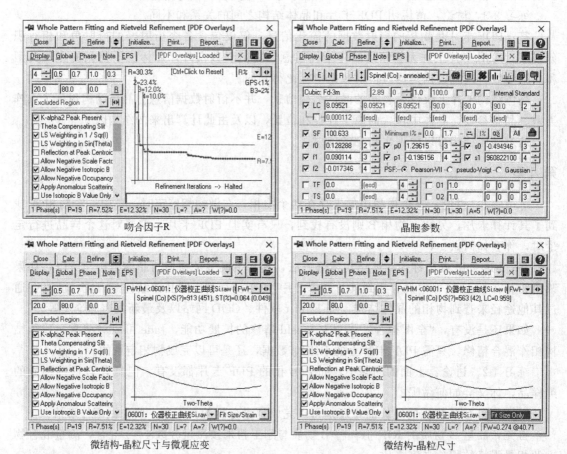

吻合因子R　　　　　　　　　晶胞参数

微结构-晶粒尺寸与微观应变　　　微结构-晶粒尺寸

晶胞参数为 8.09521Å，晶粒尺寸＝912Å，微观应变＝0.064%，存在微观应变。但是，注意到两个问题，一是晶粒尺寸的计算误差很大，达到了 451，而微观应变不是很大。如果忽略微观应变的影响，得到 563（42）Å 的晶粒尺寸数据。因此，应当选择后一种结果。

（2）读入第二个数据，得到：

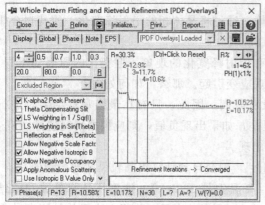

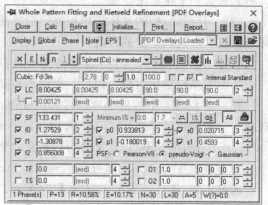

吻合因子R　　　　　　　　　晶胞参数

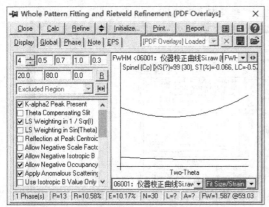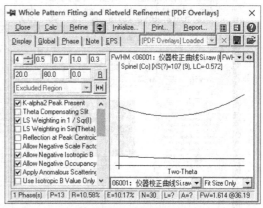

微结构-晶粒尺寸与微观应变　　　　　　　　　微结构-晶粒尺寸

晶胞参数小于前一个样品，计算出来的微观应变量为负值，应当选择 Size only，得到晶粒尺寸为 107±9Å。

（3）同时读入两个数据，选择菜单命令"Merge Overlays—Take the summation"命令，将两个图谱合并成一个图谱。发现两个图谱并不能完全重叠。

然后，检索物相，选择两张相同物相的卡片。按下 [Ⅲ] 按钮后，按住"Ctrl"键，在一张 PDF 卡片的标志线上单击，并拖动其中一条线到另一个谱的峰顶位置。

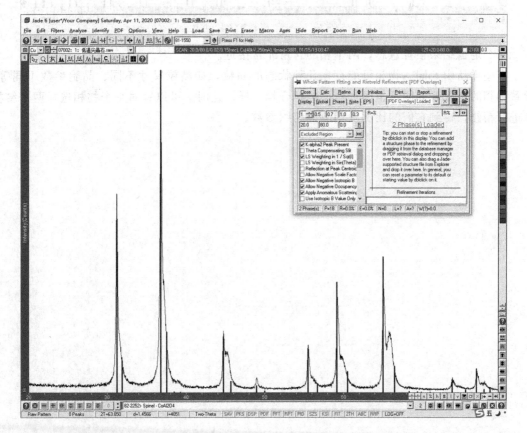

进入 WPF 窗口后，显示"2 Phases Loaded"。精修后，得到：

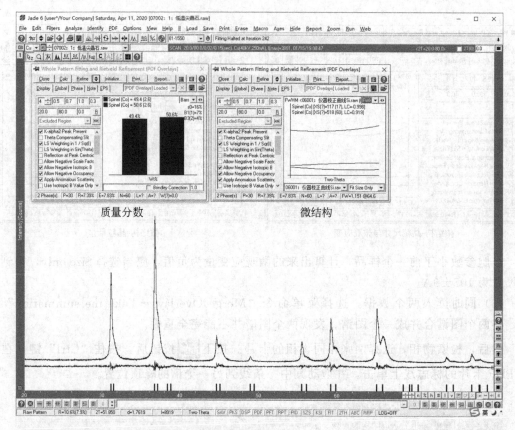

质量分数   微结构

这个定量结果很有意思，两个相的含量非常接近。

有些样品中，同一物相可能存在几种状态的晶粒，如晶粒尺寸不同、晶胞参数不同等，导致物相的衍射峰如同这里两个样品的组合峰一样。这时，可以针对一个物相选择两个结构来进行精修，得到它们的比例及相应的组织参数。

附录 1　点群、空间群和劳厄群的符号和关系

空间群号	空间群	点群	晶系	劳厄群
1	P1	1	triclinic	-1
2	P-1	-1	triclinic	-1
3	P2	2	monoclinic	2/m
4	P21	2	monoclinic	2/m
5	C2	2	monoclinic	2/m
6	Pm	m	monoclinic	2/m
7	Pc	m	monoclinic	2/m
8	Cm	m	monoclinic	2/m
9	Cc	m	monoclinic	2/m
10	P2/m	2/m	monoclinic	2/m
11	P21/m	2/m	monoclinic	2/m
12	C2/m	2/m	monoclinic	2/m
13	P2/c	2/m	monoclinic	2/m
14	P21/c	2/m	monoclinic	2/m
15	C2/c	2/m	monoclinic	2/m
16	P222	222	orthorhombic	mmm
17	P2221	222	orthorhombic	mmm
18	P21212	222	orthorhombic	mmm
19	P212121	222	orthorhombic	mmm
20	C2221	222	orthorhombic	mmm
21	C222	222	orthorhombic	mmm
22	F222	222	orthorhombic	mmm
23	I222	222	orthorhombic	mmm
24	I212121	222	orthorhombic	mmm
25	Pmm2	mm2	orthorhombic	mmm

空间群号	空间群	点群	晶系	劳厄群
26	Pmc21	mm2	orthorhombic	mmm
27	Pcc2	mm2	orthorhombic	mmm
28	Pma2	mm2	orthorhombic	mmm
29	Pca21	mm2	orthorhombic	mmm
30	Pnc2	mm2	orthorhombic	mmm
31	Pmn21	mm2	orthorhombic	mmm
32	Pba2	mm2	orthorhombic	mmm
33	Pna21	mm2	orthorhombic	mmm
34	Pnn2	mm2	orthorhombic	mmm
35	Cmm2	mm2	orthorhombic	mmm
36	Cmc21	mm2	orthorhombic	mmm
37	Ccc2	mm2	orthorhombic	mmm
38	Amm2	mm2	orthorhombic	mmm
39	Abm2	mm2	orthorhombic	mmm
40	Ama2	mm2	orthorhombic	mmm
41	Aba2	mm2	orthorhombic	mmm
42	Fmm2	mm2	orthorhombic	mmm
43	Fdd2	mm2	orthorhombic	mmm
44	Imm2	mm2	orthorhombic	mmm
45	Iba2	mm2	orthorhombic	mmm
46	Ima2	mm2	orthorhombic	mmm
47	Pmmm	mmm	orthorhombic	mmm
48	Pnnn	mmm	orthorhombic	mmm
49	Pccm	mmm	orthorhombic	mmm
50	Pban	mmm	orthorhombic	mmm
51	Pmma	mmm	orthorhombic	mmm
52	Pnna	mmm	orthorhombic	mmm
53	Pmna	mmm	orthorhombic	mmm
54	Pcca	mmm	orthorhombic	mmm
55	Pbam	mmm	orthorhombic	mmm
56	Pccn	mmm	orthorhombic	mmm
57	Pbcm	mmm	orthorhombic	mmm
58	Pnnm	mmm	orthorhombic	mmm
59	Pmmn	mmm	orthorhombic	mmm
60	Pbcn	mmm	orthorhombic	mmm
61	Pbca	mmm	orthorhombic	mmm
62	Pnma	mmm	orthorhombic	mmm

空间群号	空间群	点群	晶系	劳厄群
63	Cmcm	mmm	orthorhombic	mmm
64	Cmca	mmm	orthorhombic	mmm
65	Cmmm	mmm	orthorhombic	mmm
66	Cccm	mmm	orthorhombic	mmm
67	Cmma	mmm	orthorhombic	mmm
68	Ccca	mmm	orthorhombic	mmm
69	Fmmm	mmm	orthorhombic	mmm
70	Fddd	mmm	orthorhombic	mmm
71	Immm	mmm	orthorhombic	mmm
72	Ibam	mmm	orthorhombic	mmm
73	Ibca	mmm	orthorhombic	mmm
74	Imma	mmm	orthorhombic	mmm
75	P4	4	tetragonal	4/m
76	P41	4	tetragonal	4/m
77	P42	4	tetragonal	4/m
78	P43	4	tetragonal	4/m
79	I4	4	tetragonal	4/m
80	I41	4	tetragonal	4/m
81	P$-$4	$-$4	tetragonal	4/m
82	I$-$4	$-$4	tetragonal	4/m
83	P4/m	4/m	tetragonal	4/m
84	P42/m	4/m	tetragonal	4/m
85	P4/n	4/m	tetragonal	4/m
86	P42/n	4/m	tetragonal	4/m
87	I4/m	4/m	tetragonal	4/m
88	I41/a	4/m	tetragonal	4/m
89	P422	422	tetragonal	4/mmm
90	P4212	422	tetragonal	4/mmm
91	P4122	422	tetragonal	4/mmm
92	P41212	422	tetragonal	4/mmm
93	P4222	422	tetragonal	4/mmm
94	P42212	422	tetragonal	4/mmm
95	P4322	422	tetragonal	4/mmm
96	P43212	422	tetragonal	4/mmm
97	I422	422	tetragonal	4/mmm
98	I4122	422	tetragonal	4/mmm
99	P4mm	4mm	tetragonal	4/mmm

空间群号	空间群	点群	晶系	劳厄群
100	P4bm	4mm	tetragonal	4/mmm
101	P42cm	4mm	tetragonal	4/mmm
102	P42nm	4mm	tetragonal	4/mmm
103	P4cc	4mm	tetragonal	4/mmm
104	P4nc	4mm	tetragonal	4/mmm
105	P42mc	4mm	tetragonal	4/mmm
106	P42bc	4mm	tetragonal	4/mmm
107	I4mm	4mm	tetragonal	4/mmm
108	I4cm	4mm	tetragonal	4/mmm
109	I41md	4mm	tetragonal	4/mmm
110	I41cd	4mm	tetragonal	4/mmm
111	P−42m	−42mm	tetragonal	4/mmm
112	P−42c	−42mm	tetragonal	4/mmm
113	P−421m	−42mm	tetragonal	4/mmm
114	P−421c	−42mm	tetragonal	4/mmm
115	P−4m2	−42mm	tetragonal	4/mmm
116	P−4c2	−42mm	tetragonal	4/mmm
117	P−4b2	−42mm	tetragonal	4/mmm
118	P−4n2	−42mm	tetragonal	4/mmm
119	I−4m2	−42mm	tetragonal	4/mmm
120	I−4c2	−42mm	tetragonal	4/mmm
121	I−42m	−42mm	tetragonal	4/mmm
122	I−42d	−42mm	tetragonal	4/mmm
123	P4/mmm	4/mmm	tetragonal	4/mmm
124	P4/mcc	4/mmm	tetragonal	4/mmm
125	P4/nbm	4/mmm	tetragonal	4/mmm
126	P4/nnc	4/mmm	tetragonal	4/mmm
127	P4/mbm	4/mmm	tetragonal	4/mmm
128	P4/mnc	4/mmm	tetragonal	4/mmm
129	P4/nmm	4/mmm	tetragonal	4/mmm
130	P4/ncc	4/mmm	tetragonal	4/mmm
131	P42/mmc	4/mmm	tetragonal	4/mmm
132	P42/mcm	4/mmm	tetragonal	4/mmm
133	P42/nbc	4/mmm	tetragonal	4/mmm
134	P42/nnm	4/mmm	tetragonal	4/mmm
135	P42/mbc	4/mmm	tetragonal	4/mmm
136	P42/mnm	4/mmm	tetragonal	4/mmm

续表

空间群号	空间群	点群	晶系	劳厄群
137	P42/nmc	4/mmm	tetragonal	4/mmm
138	P42/ncm	4/mmm	tetragonal	4/mmm
139	I4/mmm	4/mmm	tetragonal	4/mmm
140	I4/mcm	4/mmm	tetragonal	4/mmm
141	I41/amd	4/mmm	tetragonal	4/mmm
142	I41/acd	4/mmm	tetragonal	4/mmm
143	P3	3	trigonal	3
144	P31	3	trigonal	3
145	P32	3	trigonal	3
146	R3	3	trigonal	3
147	P−3	−3	trigonal	3m
148	R−3	−3	trigonal	3m
149	P312	32	trigonal	3m
150	P321	32	trigonal	3m
151	P3112	32	trigonal	3m
152	P3121	32	trigonal	3m
153	P3212	32	trigonal	3m
154	P3221	32	trigonal	3m
155	R32	32	trigonal	3m
156	P3m1	3m	trigonal	3m
157	P31m	3m	trigonal	3m
158	P3c1	3m	trigonal	3m
159	P31c	3m	trigonal	3m
160	R3m	3m	trigonal	3m
161	R3c	3m	trigonal	3m
162	P−31m	−3m	trigonal	3m
163	P−31c	−3m	trigonal	3m
164	P−3m1	−3m	trigonal	3m
165	P−3c1	−3m	trigonal	3m
166	R−3m	−3m	trigonal	3m
167	R−3c	−3m	trigonal	3m
168	P6	6	hexagonal	6/m
169	P61	6	hexagonal	6/m
170	P65	6	hexagonal	6/m
171	P62	6	hexagonal	6/m
172	P64	6	hexagonal	6/m
173	P63	6	hexagonal	6/m

空间群号	空间群	点群	晶系	劳厄群
174	P－6	－6	hexagonal	6/m
175	P6/m	6/m	hexagonal	6/m
176	P63/m	6/m	hexagonal	6/m
177	P622	622	hexagonal	6/mmm
178	P6122	622	hexagonal	6/mmm
179	P6522	622	hexagonal	6/mmm
180	P6222	622	hexagonal	6/mmm
181	P6422	622	hexagonal	6/mmm
182	P6322	622	hexagonal	6/mmm
183	P6mm	6mm	hexagonal	6/mmm
184	P6cc	6mm	hexagonal	6/mmm
185	P63cm	6mm	hexagonal	6/mmm
186	P63mc	6mm	hexagonal	6/mmm
187	P－6m2	－6m	hexagonal	6/mmm
188	P－6c2	－6m	hexagonal	6/mmm
189	P－62m	－6m	hexagonal	6/mmm
190	P－62c	－6m	hexagonal	6/mmm
191	P6/mmm	6/mmm	hexagonal	6/mmm
192	P6/mcc	6/mmm	hexagonal	6/mmm
193	P63/mcm	6/mmm	hexagonal	6/mmm
194	P63/mmc	6/mmm	hexagonal	6/mmm
195	P23	23	cubic	m3
196	F23	23	cubic	m3
197	I23	23	cubic	m3
198	P213	23	cubic	m3
199	I213	23	cubic	m3
200	Pm－3	m－3	cubic	m3
201	Pn－3	m－3	cubic	m3
202	Fm－3	m－3	cubic	m3
203	Fd－3	m－3	cubic	m3
204	Im－3	m－3	cubic	m3
205	Ia－3	m－3	cubic	m3
206	Pa－3	m－3	cubic	m3
207	P432	432	cubic	m3m
208	P4232	432	cubic	m3m
209	F432	432	cubic	m3m
210	F4132	432	cubic	m3m

续表

空间群号	空间群	点群	晶系	劳厄群
211	I432	432	cubic	m3m
212	P4332	432	cubic	m3m
213	P4132	432	cubic	m3m
214	I4132	432	cubic	m3m
215	P−43m	−43m	cubic	m3m
216	F−43m	−43m	cubic	m3m
217	I−43m	−43m	cubic	m3m
218	P−43m	−43m	cubic	m3m
219	F−43c	−43m	cubic	m3m
220	I4−3d	m−3m	cubic	m3m
221	Pm−3m	m−3m	cubic	m3m
222	Pn−3n	m−3m	cubic	m3m
223	Pm−3n	m−3m	cubic	m3m
224	Pn−3m	m−3m	cubic	m3m
225	Fm−3m	m−3m	cubic	m3m
226	Fm−3c	m−3m	cubic	m3m
227	Fd−3m	m−3m	cubic	m3m
228	Fd−3c	m−3m	cubic	m3m
229	Im−3m	m−3m	cubic	m3m
230	Ia−3d	m−3m	cubic	m3m

附录 2 应力测定常数

材料	点阵类型	晶胞参数 /Å	$E/\times 10^3 MPa$	υ	辐射	(hkl)	$2\theta/°$	K /(MPa/°)
a−Fe(铁素体,马氏体)	BCC	2.8664	206~216	0.28~0.3	CrK_α	(211)	156.08	−297.23
					CoK_α	(310)	161.35	−230.4
γ−Fe,(奥氏体)	FCC	3.656	192.1	0.28	CrKB	(311)	149.6	−355.35
					MnK_α	(311)	154.8	−292.73
Al	FCC	4.049	68.9	0.345	CrK_α	(222)	156.7	−92.12
					CoK_α	(420)	162.1	−70.36
					CoK_α	(331)	148.7	−125.24
					CuK_α	(333)	164.0	−62.82
Cu	FCC	3.6153	127.2	0.364	CrKB	(311)	146.5	−245.0
					CoK_α	(400)	163.5	−118.0
					CuK_α	(420)	144.7	−258.92

材料	点阵类型	晶胞参数/Å	$E/\times 10^3\mathrm{MPa}$	υ	辐射	(hkl)	$2\theta/°$	K/(MPa/°)
Cu−Ni	FCC	3.595	129.9	0.333	CoK.	(400)	158.4	−162.19
WC	HCP	a 2.91 c 2.84	523.7	0.22	CoK$_\alpha$	(121)	162.5	−466.0
					CuK$_\alpha$	(301)	146.76	−1118.18
Ti	HCP	a 2.9504 c 4.6831	113.4	0.321	CoK$_\alpha$	(114)	154.2	−171.60
					CoK$_\alpha$	(211)	142.2	−256.47
Ni	FCC	3.5238	207.8	0.31	CrKB	(311)	157.7	−273.22
					CuK$_\alpha$	(420)	155.6	−289.39
Ag	FCC	4.0856	81.1	0.367	CrK$_\alpha$	(222)	152.1	−128.48
					CoK$_\alpha$	(331)	145.1	−162.68
					CoK.	(420)	156.4	−108.09
Cr	BCC	2.8845			CrK$_\alpha$	(211)	153.0	
					CoK$_\alpha$	(310)	157.5	

参 考 文 献

［1］ B. H. Toby. EXPGUI，a graphical user interface for GSAS ［J］. J. Appl. Cryst. ，2001（34），210-213.

［2］ A. C. Larson，R. B. Von Dreele. General Structure Analysis System（GSAS）［J］. Los Alamos National Laboratory Report LAUR，1994，86-748.

A. Guinier. X-ray diffraction in crystals，imperfect crystals，and amorphous bodies. New York：Dover publications，inc. 1996. 2.

［3］ Georg Will. Powder diffraction-The Rietveld method and two stage method to determine and refine crystal structures from powder diffraction data ［M］. Verlag Berlin Heidelberg，2006.

［4］ Internation Tables for X-ray crystallography Vol. C.

［5］ Jimpei HARADA. Powder X-ray diffractometry in the analysis of materials Utilization of MiniFlex. Rigaku Corporation，Tokyo，2016.

［6］ Jonkins R，Snyder R I. Introduction to X-ray powder diffractometry ［M］. New York：John Wiley & Sons，Inc. ，1996.

［7］ L. Lutterotti，D. Chateigner，S. Ferrari，J. Ricote. Texture，Residual Stress and Structural Analysis of Thin Films using a Combined X-Ray Analysis ［J］. Thin Solid Films，2004，450，34-41.

［8］ L. Lutterotti，M. Bortolotti，G. Ischia，I. Lonardelli，H. -R. Wenk. Rietveld texture analysis from diffraction images ［J］. Z. Kristallogr. ，2007，Suppl. 26，125-130.

［9］ L. Lutterotti，S. Matthies，H. -R. Wenk，A. J. Schultz，J. Richardson. Texture and structure analysis of deformed limestone from neutron diffraction spectra ［J］. J. Appl. Phys. ，1997，81 ［2］，594-600.

［10］ L. Lutterotti. Total pattern fitting for the combined size-strain-stress-texture determination in thin film diffraction ［J］. Nuclear Inst. and Methods in Physics Research，2010，B，268，334-340.

［11］ Material Data Inc. MDI Jade 9 user's Manual，2004.

［12］ Pecharsky VK，Zavalij PY. Fundamentals of powder diffraction and structural characterization of materials ［M］. Norwell，USA，Kluwer Academic Publishing，2003.

［13］ Popa，N. C. Texture in Rietveld refinement ［J］. J. Appl. Crystallogr，1992，25，611-616.

［14］ Popa，N. C. The （hkl） ndence of diffraction-line broadening caused by strain and size for all Laue groups in Rietveld refinement ［J］. J. Appl. Crystallogr，1998，31，176-180.

［15］ R. A. Young，editor. The Rietveld Method ［M］. Oxford，UK，IUCr，Oxford University Press，1993.

［16］ R. E. Dinnebier，S. J. L. Billinge 著. 粉末衍射理论与实践 ［M］.陈昊鸿，雷方译.北京：高等教育出版社，2016.

［17］ 程国峰，杨传铮.纳米材料的 X 射线分析 ［M］.北京：化学工业出版社，2019.

［18］ 黄继武.多晶材料 X 射线衍射——实验原理、方法与应用 ［M］.北京：冶金工业出版社，2012.

［19］ 江超华.多晶 X 射线衍射技术与应用 ［M］.北京：化学工业出版社，2014.

［20］ 姜传海，杨传铮.X 射线衍射技术及其应用.上海：华东理工大学出版社，2010.

［21］ 姜传海，杨传铮.材料射线衍射和散射分析.北京：高等教育出版社，2010.

［22］ 晋勇，孙小松，薛屺.X 射线衍射分析技术.北京：国防工业出版社，2008.

［23］ 李树棠.晶体 X 射线衍射学基础 ［M］.北京：冶金工业出版社，1990.

［24］ 梁敬魁.粉末衍射法测定晶体结构 ［M］.北京：科学出版社，2011.

［25］ 刘粤惠，刘平安.X 射线衍射分析原理与应用.北京：化学工业出版社，2003.

［26］ 毛卫民，杨平.材料织构分析原理与检测技术 ［M］.北京：冶金工业出版社，2008.

［27］ 毛卫民，张新明.晶体材料织构定量分析 ［M］.北京：冶金工业出版社，1995.

［28］ 潘清林，徐国富，李慧.材料现代分析测试实验教程 ［M］.北京：冶金工业出版社，2011.

［29］ 张海军，贾全利，董林.粉末多晶 X 射线衍射技术原理及应用.郑州：郑州大学出版社，2010.